Wolfgang Merbach, Birgit W. Hütsch, Lutz Wittenmayer, Jürgen Augustin (Hrsg.)

Durchwurzelung, Rhizodeposition und Pflanzenverfügbarkeit von Nährstoffen und Schwermetallen

Borkheider Seminare zur
Ökophysiologie des Wurzelraumes

Der Pflanzenbewuchs, das dazugehörige Wurzelsystem und der durchwurzelte Bodenraum nehmen eine Schlüsselstellung in terrestrischen Ökosystemen ein. Hier vollziehen sich komplizierte Wechselwirkungen zwischen Pflanzenstoffwechsel und Umweltfaktoren einerseits und (angetrieben durch die C-Lieferung der Pflanzen) zwischen Pflanzenwurzeln, Mikroben, Bodentieren, organischen C- und N-Verbindungen sowie mineralischen Bodenbestandteilen andererseits. Diese haben entscheidende Bedeutung für die Pflanzen- und Bodenentwicklung, die Nettostoff- und Nettoenergieflüsse sowie für die Belastungstoleranz von Pflanzen und Ökosystemen. Ihr Verständnis ist daher eine Voraussetzung für die Prognose, Abpufferung und Indikation von Umweltbelastungen, die Berechnung von Stoffflüssen sowie für ökologisch ausgerichtete Regulationsinstrumentarien. Trotz vieler Einzelkenntnisse sind aber derzeit Wirkungsgefüge und Regulationsmechanismen im Pflanze-Boden-Kontaktraum nur ungenügend bekannt, da in den meisten bisherigen Forschungsansätzen der Mikrobereich als „Nebeneinander" von Einzelelementen (z. B. von Strukturelementen, Nettostoffflüssen zwischen Grenzflächen, Biozönosepartnern) betrachtet wurde und kaum als Netzwerk funktionaler Kompartimente wechselnder Zusammensetzung. Abhilfe kann hier nur eine systemare Betrachtungsweise der Pflanze-Boden-Wechselbeziehungen auf der Basis einer *langfristig und interdisziplinär angelegten ökophysiologischen Forschung* schaffen, die auf die Aufklärung der mikrobiologischen, physiologischen, (bio)chemischen und genetischen Interaktionen im System Pflanze – Wurzel – Boden in Abhängigkeit von natürlichen und anthropogenen Einflussfaktoren ausgerichtet ist.

Die 1990 von der Deutschen Landakademie Borkheide (Krs. Potsdam-Mittelmark) und dem heutigen Institut für Primärproduktion und Mikrobielle Ökologie des Zentrums für Agrarlandschafts- und Landnutzungsforschung (ZALF) Müncheberg ins Leben gerufenen *Borkheider Seminare zur Ökophysiologie des Wurzelraumes* wollen daher Wissenschaftler unterschiedlicher Fachgebiete mit dem Ziel zusammenführen, experimentelle Ergebnisse ohne Zeitdruck zu diskutieren und die Forschung enger zu verflechten. Das unveränderte Interesse an der Tagungsreihe – sie hat 2001 bereits das 12. Mal stattgefunden – spricht für sich selbst. Nachdem die ersten vier Tagungsbände (1990 bis 1993) im Selbstverlag herausgegeben wurden, hat seit dem 5. Band (Mikroökologische Prozesse im System Pflanze – Boden) der Teubner-Verlag diese Aufgabe übernommen. Dafür gebührt ihm der Dank der Herausgeber.

Wolfgang Merbach

Wolfgang Merbach, Birgit W. Hütsch, Lutz Wittenmayer, Jürgen Augustin (Hrsg.)

Durchwurzelung, Rhizodeposition und Pflanzenverfügbarkeit von Nährstoffen und Schwermetallen

12. Borkheider Seminar zur Ökophysiologie des Wurzelraumes

Wissenschaftliche Arbeitstagung in
Schmerwitz/Brandenburg
vom 24. bis 25. September 2001

B. G. Teubner Stuttgart · Leipzig · Wiesbaden

Die Deutsche Bibliothek – CIP-Einheitsaufnahme
Ein Titeldatensatz für diese Publikation ist bei
Der Deutschen Bibliothek erhältlich.

Die Beiträge dieses Bandes wurden von Mitgliedern der Deutschen Gesellschaft für Pflanzenernährung sowie der Kommission IV der Deutschen Bodenkundlichen Gesellschaft begutachtet.

Prof. Dr. habil. Wolfgang Merbach

Geboren 1939 in Ranis (Thüringen). 1958 bis 1964 Landwirtschaftsstudium, 1965 bis 1966 Chemiestudium, 1970 Promotion Universität Jena. 1982 Habilitation Martin-Luther-Universität Halle-Wittenberg (MLU). 1986 bis 1990 Isotopenlabor Forschungszentrum Bodenfruchtbarkeit Müncheberg, 1989/90 Leiter der AG „Ökologischer Umbau" und Mitglied des zentralen „Runden Tisches" der DDR in Berlin, 1990 Professor Akademie der Landwirtschaftswissenschaften, 1992 bis 1998 Institutsleiter und stellv. Direktor am Zentrum für Agrarlandschafts- und Landnutzungsforschung (ZALF) Müncheberg. Seit 1998 Professor für Physiologie und Ernährung der Pflanzen, seit 2000 Dekan der Landwirtschaftlichen Fakultät der MLU. Vorlesungen Pflanzenernährung, Düngung, Ökotoxikologie, Bodenkunde Universitäten Halle, Jena, Potsdam, Cottbus. Arbeitsschwerpunkte: Symbiontische N_2-Fixierung, Ökophysiologie, Stoffumsatz in der Rhizosphäre, Lachgasemission aus Niedermooren, N-Umsatz in Ökosystemen. Über 250 Publikationen, Herausgeber zahlreicher Bücher. Mitglied in mehreren Editorial Boards und Fachgremien, 1. Vorsitzender Deutsche Gesellschaft für Pflanzenernährung (1997–2001), Mitglied im Council International Ecological Centre, Polnische Akademie Wissenschaften.

Priv.-Doz. Dr. Birgit W. Hütsch

Geboren 1961 in Fulda (Hessen). 1981 bis 1986 Studium der Agrarwissenschaften, 1991 Promotion an der Justus-Liebig-Universität (JLU) Gießen, 1992 bis 1993 Rothamsted Experimental Station (UK), 1993 bis 2001 wissenschaftliche Mitarbeiterin, 1999 Habilitation an der JLU Gießen, seit 2001 wissenschaftliche Mitarbeiterin, Vertretungsprofessorin für Bodenbiologie und Bodenökologie MLU Halle-Wittenberg. Vorlesungen Pflanzenernährung, Bodenökologie Universitäten Gießen, Halle. Arbeitsschwerpunkte: Emission klimarelevanter Spurengase, Rhizodeposition.

Dr. Lutz Wittenmayer

Geboren 1961 in Sondershausen (Thüringen). 1980 bis 1985 Studium der Landwirtschaft und Pflanzenzüchtung, Timirjasew-Akademie in Moskau, 1991 Promotion an der Landwirtschaftlichen Fakultät der Martin-Luther-Universität Halle-Wittenberg (MLU), seit 1996 wissenschaftlicher Mitarbeiter am Institut für Bodenkunde und Pflanzenernährung der MLU. Arbeitsschwerpunkte: Pflanzenstreß, Phytohormone und Wurzelexsudation.

Dr. Jürgen Augustin

Geboren 1954 in Ostritz (Sachsen). 1975 bis 1979 Studium der Pflanzenproduktion und Biochemie an der MLU, 1985 Promotion an der MLU, 1985 wissenschaftlicher Mitarbeiter am Forschungszentrum für Bodenfruchtbarkeit, 1992 bis 1998 am ZALF Müncheberg, danach Abteilungsleiter im ZALF, Lehraufträge für Ökotoxikologie FH Eberswalde, BTU Cottbus. Arbeitsschwerpunkte: Stoffumsatz und Spurengasemission in Feuchtgebieten.

1. Auflage September 2002

Der Verlag Teubner ist ein Unternehmen der Fachverlagsgruppe BertelsmannSpringer.
www.teubner.de

Umschlaggestaltung: Ulrike Weigel, www.CorporateDesignGroup.de
Druck und buchbinderische Verarbeitung: Lengericher Handelsdruckerei, Lengerich/Westfalen
Gedruckt auf säurefreiem und chlorfrei gebleichtem Papier.

ISBN 978-3-519-00377-9   ISBN 978-3-322-91216-9 (eBook)
DOI 10.1007/978-3-322-91216-9

Vorwort

Zur Entwicklung standortgerechter, ökologisch und ökonomisch nachhaltiger Landnutzungssysteme, zur Prognose von Stressfolgen in agrarischen und naturnahen Ökosystemen, zur Realisierung weitgehend geschlossener Stoffkreisläufe sowie zur ökophysiologischen Indikation von Bewirtschaftungsfolgen ist das Verständnis kausaler naturwissenschaftlicher Zusammenhänge im System Pflanze/Boden einschließlich ihrer Regulation und Vernetzung eine wichtige Vorbedingung. Davon ist man aber noch immer weit entfernt. Interdisziplinäre Untersuchungen der Rhizosphärenprozesse, also der Wechselwirkungen zwischen Pflanzen, Mikroben, Bodentieren, organischer Bodensubstanz und Mineralbestandteilen, sind daher nach wie vor von immenser Bedeutung. Auch der vorliegende Band hat zum Ziel, zum besseren Verständnis dieser Vorgänge beizutragen, um die im System Pflanze/ Boden wirkenden Mechanismen besser zu verstehen und für die nachhaltige Gestaltung der Bodennutzung nutzbar zu machen. Im einzelnen werden folgende Themenkreise beleuchtet:

1. Morphologie, Physiologie und Biochemie der Wurzel unter besonderer Berücksichtigung methodischer Arbeiten (drei Beiträge),

2. Pflanzen-Mikroben-Interaktionen, wobei Nährstoffversorgung, Arten- und Sorteneinfluß, Ektomykorrhizen und Nährstoffverfügbarkeit diskutiert werden (zwei Beiträge),

3. Rhizosphärenprozesse und ihre Beeinflußbarkeit durch Wurzelabscheidungen und Redoxverhältnisse (fünf Beiträge),

4. Zusammensetzung und Funktion wurzelbürtiger Verbindungen und besondere Berücksichtigung von Enzymaktivitäten, Protonendynamik, stofflicher Verteilung und Ausbildung von osmotischen Gradienten (fünf Beiträge),

5. Stoffumsatz, -umsetzung und -festlegung im Wurzelraum unter besonderer Beachtung von Schwermetallionen und gasförmigen Verbindungen (drei Beiträge).

Der Band enthält 18 (gekürzte) Beiträge des 12. Borkheider Seminars zur Ökophysiologie des Wurzelraumes, das am 24. und 25. September 2001 in Schmerwitz (Kreis Potsdam-Mittelmark, Brandenburg) stattfand.

Erfreulicherweise nahmen auch in diesem Jahr wieder vorwiegend Nachwuchswissenschaftler an der Tagung teil und stellten experimentelle Resultate aus der

6

Sicht verschiedener Fachdisziplinen zur Diskussion. So wurden bodenkundliche, mikrobiologische, physiologische, biochemische, pflanzenbauliche und pflanzenernährerische Aspekte behandelt. Dies ermöglichte die interdisziplinäre Interpretation und Wichtung im Sinne der Verknüpfung und Regulation der Einzelprozesse und eines besseren Verständnisses des mikroökosystemaren Wirkungsgefüges im Pflanze-Wurzel-Boden-Kontaktraum.

Wissenschaftlicher und organisatorischer Träger des Seminars war wie in den Vorjahren die Professur „Physiologie und Ernährung der Pflanzen" der Landwirtschaftlichen Fakultät der Martin-Luther-Universität Halle–Wittenberg. Weiterhin waren das Institut für Primärproduktion und Mikrobielle Ökologie im Zentrum für Agrarlandschafts- und Landnutzungsforschung (ZALF) Müncheberg (Kreis Märkisch-Oderland, Brandenburg), die Deutsche Gesellschaft für Pflanzenernährung und die Kommission IV (Bodenfruchtbarkeit und Pflanzenernährung) der Deutschen Bodenkundlichen Gesellschaft (DBG) an der Ausrichtung des Seminars beteiligt. Gastgeber war das Seminar- und Tagungszentrum Schmerwitz, das die Tagungsräume, die Vorführtechnik, die Unterbringung und Verpflegung sicherstellte.

Wir sind der Eigentümerin des Zentrums, Frau Morgenstern, und dem Geschäftsführer, Herrn Rost, zu Dank verpflichtet. Ferner danken wir Herrn Dr. Gans, Institut für Bodenkunde und Pflanzenernährung der Universität Halle–Wittenberg, für die organisatorische Vorbereitung und Herrn Jürgen Weiß vom Teubner-Verlag für die gute Zusammenarbeit.

Halle und Müncheberg,
im Juni 2002

Wolfgang Merbach
Birgit W. Hütsch
Lutz Wittenmayer
Jürgen Augustin

Inhaltsverzeichnis

1 Morphologie, Physiologie und Biochemie der Wurzel

2 Pflanzen–Mikroben-Interaktionen

3 Rhizosphärenprozesse und ihre Beeinflußbarkeit

4 Zusammensetzung und Funktion wurzelbürtiger Verbindungen

5 Stoffaufnahme, -umsetzung und -festlegung im Wurzelraum

1

Morphologie, Physiologie und Biochemie der Wurzel

Durchwurzelung, Rhizodeposition und Pflanzenverfügbarkeit von Nährstoffen und Schwermetallen
12. Borkheider Seminar zur Ökophysiologie des Wurzelraumes
Hrsg.: W. Merbach, B. W. Hütsch, L. Wittenmayer, J. Augustin
B. G. Teubner – Stuttgart · Leipzig · Wiesbaden (2002), S. 13–14

Which part of the root system of corn (*Zea mays* L.) is visible at transparent surfaces?

Rolf O. KUCHENBUCH[*] and Keith T. INGRAM[‡]
*)Center for Agricultural Landscape and Land Use Research, Eberswalder Straße 84, D-15374 Müncheberg, Germany; ‡)Department of Crop and Soil Sciences, University of Georgia, 1109 Experiment Street, Griffin, GA 30023-1797 USA

Abstract

Roots are growing in soil and hence are not available for direct observation. This causes quantitative root studies to be difficult and time consuming. As an alternative to washing roots from soil often root boxes, minirhizotrones and rhizotrones are used (BÖHM 1979, SMIT *et al.* 2000). However, one prerequisite for the quantification of root traits from these methods is that the visible part of the root system is a representative part of the total root system. The research reported here compares roots of corn (*Zea mays* L.) visible at transparent surfaces with roots washed from soil using the method described by INGRAM and LEERS (2000). In principle, roots are grown in a soil layer that is 6...7 mm thick and allows root observations and root length measurements after scanner images are taken from the transparent acrylic surface of the container. Two experimental approaches were used for comparison: (i) soil was compacted to soil bulk densities from 1.25 to 1.8 g/cm^3, and (ii) different initial soil water contents were established in soil layers prior to planting. 15 days after planting root length was measured on scanner images with available software (*Quacos Software*, copyright the University of Georgia), and root length was determined for two diameter classes, i.e. 0 to 0.7 and 0.7 to 1.3 mm (corresponding to seminal and secondary roots) from washed out roots using *WinRhizo Software* (Regent Instruments, Quebec, Canada). The comparison of both measurements showed that:

- There was no identical relationship between visible and total root length of the diameter class 0...0.7 mm over the range found in the containers, neither for the soil water content nor the soil bulk density experiment. Hence, the length of secondary roots could not be predicted from observations at the transparent surface.
- For roots with diameters 0.7...1.3 mm both, for soil differing in water content and bulk density, visible and total root length showed a strong linear correla-

tion. However, the slope of the regression line differed between the experiments.

These findings indicate that quantification of roots visible at transparent surfaces do not necessarily reflect the total amount of roots produced by plants, and that care must be taken when interpreting reactions of roots studied in these systems.

References

BÖHM, W., 1979: *Methods for Studying Root Systems.* New York: Springer.

INGRAM, K. T.; LEERS, G. A., 2001: Software for measuring root characters from digital images. *Agronomy Journal* 93, 918–922.

SMIT, A. L.; BENGOUGH, A. G.; ENGELS, C.; NOORDWIJK, M. VON; PELLERIN, S.; GEIJN, S. C. VAN DER, 2000: *Root Methods - A Handbook.* Berlin, Heidelberg, New York: Springer

Durchwurzelung, Rhizodeposition und Pflanzenverfügbarkeit von Nährstoffen und Schwermetallen
12. Borkheider Seminar zur Ökophysiologie des Wurzelraumes
Hrsg.: W. Merbach, B. W. Hütsch, L. Wittenmayer, J. Augustin
B. G. Teubner – Stuttgart · Leipzig · Wiesbaden (2002), S. 15–22

Veränderung der Durchwurzelungsverhältnisse beim Umbau von Kiefernforsten zu Buchenbeständen auf kräftigen Sandbraunerden

Falko HORNSCHUCH

Bundesforschungsanstalt für Forst- und Holzwirtschaft, Institut für Forstökologie und Walderfassung, Alfred-Möller-Straße 1, D-16225 Eberswalde

Abstract

The main objective of the study is to analyze, quantify and evaluate the effects of advanced planting of beech (*Fagus sylvatica* L.) on the rhizosphere of Scots pine forests (*Pinus sylvestris* L.) on sandy soils in NE-Germany. The study revealed that the total root biomass increased not inevitable with age but with the degree of naturalness of the forests resp. with the ratio of introduced beech trees. In pure stands beech shows the highest rooting intensity. Because of their more intensive sceletal and fine root system, beech trees can explore a larger amount of the soils volume and water reserve than Scots pine. On the investigated sandy soil fine roots of beech show the highest frequency in the upper mineral layer (5 to 40 cm depth), not or unimportantly reducing the frequency of the Scots pine roots. On the contrary, the frequency of fine roots of Scots pine is the highest in the organic and upper mineral layer of mixed stands with advanced planted beech trees, which can be explained by the better nutrition status of the mixed stands and the repression of the competition of the ground vegetation root system in the organic layer by the shadowing beech trees. The biomass to necromass ratio of both tree species is higher in mixed stands than in pure ones, but the root branching density is decreased.

Einleitung

In Brandenburg wächst die Baumart Kiefer (*Pinus sylvestris* L.) auf rund 80 % der Waldfläche, während sie unter natürlichen Verhältnissen nur etwa 15 % der jetzigen Waldfläche einnehmen würde. Diese Naturabweichung ist mit einer Vielzahl ökologischer Probleme verbunden. So hat der Kiefernanbau z. B. eine Verschlechterung des Standortzustandes (Degradation) zur Folge. Im Rahmen eines regionalen Forschungsverbundes sollen innerhalb des klimabestimmten Verbreitungsgebiets der Buche (*Fagus sylvatica* L.) die meliorative Wirkung des Buchenvoranbaus in Kiefernreinbeständen auf Sanden mittlerer und kräftiger Nährkraftstufe hinsichtlich der hydroökologischen und trophischen Standortbedingungen untersucht werden. Synergieeffekte als Folge einer Baumartenmischung sind bekannt und betreffen auch die Rhizosphäre.

Material und Methoden

In einem weichselkaltzeitlichen Sandergebiet, ca. 6 km nordöstlich von Eberswalde, wurden sieben nahezu standortsgleiche Probeflächen ausgewählt, die eine Waldumbau-Chronosequenz und je einen Kiefernrein- und Buchenrein-Referenzbestand umfassen.

Mit der sequenziellen Bohrzylinder-Methode sollten die Durchwurzelungsverhältnisse und die saisonale Feinwurzeldynamik ermittelt werden (KALELA 1957). An vier Terminen (Dezember 1999, Mai 2000, Oktober 2000, Juli 2001) wurden mit Hilfe eines Wurzelbohrers (80 mm Durchmesser, 700 mm Länge) Bodensäulen entnommen. Bei sechs (Rein-) bis dreizehn (Mischbestände) Parallelen je Fläche und Termin erfolgte die Probenahme nach bestandestrukturellen Vorgaben, z. B. nach Stammnähe und Überschirmungsgrad. Die Wurzeln von Kiefer, Buche und den Bodenvegetationsarten wurden aus der Auflage (trocken) und den Bodenblöcken 0...5, 5...10, 10...20, ..., 60...70 cm (naßgesiebt) ausgelesen und die der beiden Baumarten nach lebend, tot und den Durchmesserklassen < 0,5; 0,5...1, 1...2, 2...5, 5...10 und > 10 mm getrennt. Für die Wurzeln der Bodenvegetation (meist *Avenella flexuosa*) wurde ein Bio-/Nekromasse-Verhältnis von 1 : 1 unterstellt (KALHOFF 2000).

Von den Proben des ersten Termins wurden Trockenmasse (48 h, 105 °C) und zuvor teilweise die Längen ermittelt. An den Proben folgender Termine erfolgte nach der Arten- und Vitalitätstrennung nur noch die Analyse nach Länge der Fraktionen sowie Anzahl der Verzweigungen und Wurzelspitzen mit dem Programm *WinRHIZO* (Regent Instruments Inc., Quebec, Canada).

Mit dem Minicontainersystem (EISENBEIS *et al.* 1995, Maschenweite der Gaze 500 µm) wurden Abbauraten von Kiefern- und Buchenfeinstwurzeln im ältesten Mischbestand ermittelt. Zum jüngsten Kiefernbestand (44 Jahre) und den Terminen Oktober 2000 und Juli 2001 liegen bisher keine Zahlen vor. Aufgrund der Datenlage sind die Ergebnisse noch nicht statistisch abgesichert. Baumwurzeln mit d < 2 mm werden im folgenden Fein-, mit d < 1 mm Feinstwurzeln genannt.

Ergebnisse und Diskussion

Wurzelvorrat

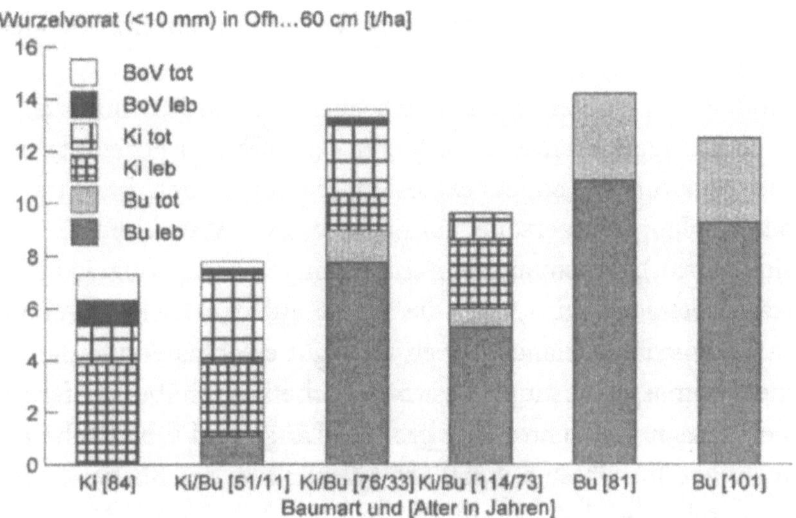

Abb. 1. Zunahme der Wurzelvorräte O_{fh}-60 cm Tiefe [t/ha] mit dem Buchenanteil und Alter (Termin: Dezember 1999).

Bis in eine Bodentiefe von 60 cm finden sich mit 4,8 bzw. 4,1 t/ha die geringsten Vorräte an lebenden Wurzeln (Durchmesser < 10 mm) im Kiefernreinbestand ohne (84 Jahre) und mit Buchenunterbau (51/11 Jahre). Am höchsten sind sie in den Mischbeständen (9,4 t/ha [76/33] und 7,9 t/ha [114/73]) und reinen Buchenflächen (9,3 t/ha [101] und 10,9 t/ha [81]). Daß sie im jeweils jüngeren Misch- und Buchenreinbestand höher liegen, dürfte der altersbedingt zunehmenden Tiefenverlagerung der Wurzelsysteme zuzuschreiben sein. Drei weitere Bedingungen führen zu einer Erhöhung der Wurzelmasse: Etwas nährstoffärmere Verhältnisse in der jungen Buchenfläche, abnehmende Stammzahlen und eine höhere laufende (oberirdische) Nettoprimärproduktion (lNP) von Rein- und Mischbestand während des Kulminationszeitpunktes.

Dem Wurzelraum naturnaher Bestandestypen kommt eine Bedeutung als Senke für treibhauswirksames CO_2 zu. Auch durch die Wurzelnekromasse wird Kohlenstoff im Boden zwischengespeichert. Mit ersten Ergebnissen zur klimarelevanten unterirdischen CO_2-Respiration, Methanoxidation und N_xO_x-Freisetzung bewerten PAPEN et al. (2001) den Kiefernreinbestand am ungünstigsten. Der Mischbestand (76/33 Jahre) weist die geringsten Emissionen auf.

Wurzelarchitektur und -morphologie

Die Wurzelsysteme beider Baumarten sind strukturell kompatibel. Nach KÖSTLER *et al.* (1968) haben Kiefern ein tiefes Pfahlwurzelsystem mit z.T. weit über den Kronenrand hinausragenden Seitenwurzeln. Buchen zeichnen sich durch ein Herzwurzelsystem mit einer Häufung von Wurzeln in Stammnähe aus und wurzeln nicht so tief.

Kiefern und Buchen unterscheiden sich auch hinsichtlich ihres feineren Wurzelwerkes voneinander. Während die Kiefer extensiv und horizontal wie vertikal weitreichend Feinwurzeln bildet, exploriert die Buche den Bodenraum in ihrer enger gefaßten Hauptwurzelzone aufgrund großer Wurzeldichte, hohem Verzweigungsindex (s.u.), artgemäß mehr und dünneren Feinstwurzeln intensiver. Der Zwischenstammbereich kann durch die Buche auf den leicht durchwurzelbaren Sandböden Nordostdeutschlands jedoch auch gut erschlossen werden.

Bei gleicher Biomasseinvestition besitzen Buchen gegenüber Kiefern trotz ihres höheren spezifischen Gewichtes eine größere Länge und Oberfläche an absorbierenden Feinstwurzeln. Unter $d < 250$ µm fallen 32 % der Buchen-, aber nur 7 % der Kiefernwurzeln. Bei $d < 500$ µm ist das Verhältnis 70 % : 41 %. Erst unter $d < 750$ µm fallen 70 % der Kiefernwurzeln.

Durch die intensivere Bodenexploration nutzt die Buche Wasservorräte effektiver, was sich bei Trockenheit in einer abnehmenden Wasserverfügbarkeit (Ki > Bu > Ki/Bu, Müller, in: ANDERS *et al.* 2001) und einem gegenüber Kiefer über Wochen länger anhaltenden Stammzuwachs zeigt (Beck, in: ANDERS *et al.* 2001).

Feinwurzelprofil

In Kiefernforsten ist eine antagonistische Beziehung zwischen Bodenvegetations- und Kiefernwurzeln in vertikaler wie horizontaler Ebene bekannt (KRAKAU 1998). Durch den Unterbau mit Buchen kommt es zum Rückgang der Bodenvegetationswurzeln aufgrund von Ausdunklung (z. B. *Avenella flexuosa*, *Rubus idaeus*, *Dryopteris carthusiana*), während die Buchenwurzelintensität zunächst nur schwach zunimmt (Abb. 3). Entscheidend hierfür ist nicht die Konkurrenz um Bodenressourcen, sondern um Licht, da Wurzelzu- und -abnahme (Bu/BoV) nicht im Verhältnis zueinander stehen und die Bodenvegetation auch lichter Buchenwälder sich im Artenspektrum und nicht nur im Deckungsgrad unterscheidet.

Unterstützung findet diese Schlußfolgerung in der Beobachtung einer Zunahme von Kiefernfeinwurzeln im O- und A-Horizont (Abb. 2 und 3). Die Kiefer besetzt also den freiwerdenden Wurzelraum der Bodenvegetation, während sie vom zunehmend besseren Humuszustand profitiert (Buche als „Basenpumpe") und ihre laufende Nettoprimärproduktion von ca. 4 t/(ha · a) Stammholz trotz zunehmender Buchenkonkurrenz beibehält (Steiner, Beck, in: ANDERS *et al.* 2001). Im Mineralboden bleibt die Wurzeldichte der Kiefer später aber hinter der der potenten Buche zurück. Gegenüber dem Kiefernreinbestand ist sie im Alter 76/33 Jahre in 10...70 cm Tiefe sogar reduziert.

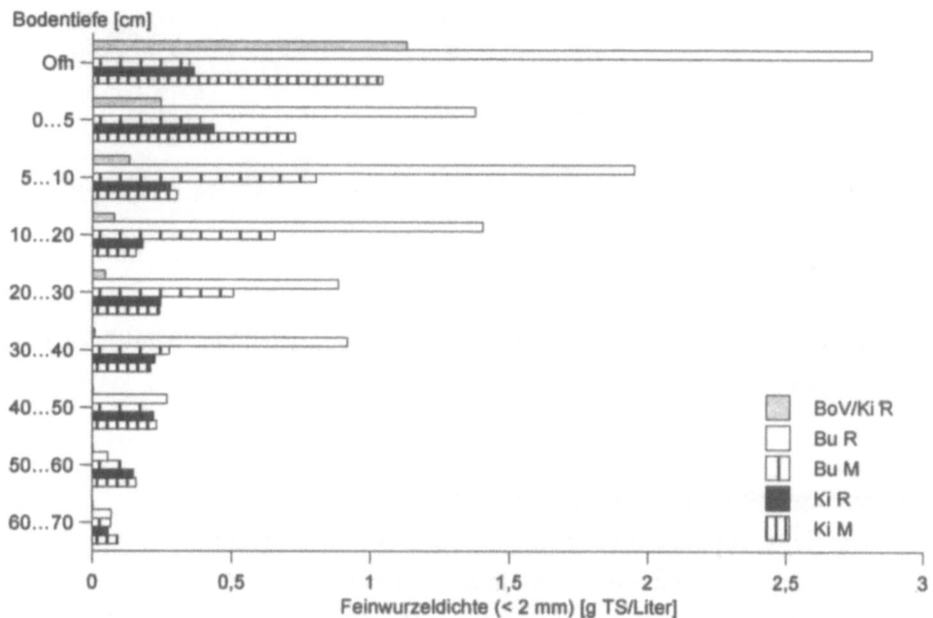

Abb. 2. Veränderung der Dichte lebender Feinwurzeln [g TS/l] von Kiefer (*Ki*) (84 Jahre) und Buche (*Bu*) (81 Jahre) durch Mischung (114/73 Jahre, Dezember 1999). *R* – Reinbestand, *M* – Mischbestand, *BoV* – Bodenvegetation.

Im Kiefern-Buchenbestand (114/73) gilt die Präferenz der Kiefernfeinwurzeln für die Humusschicht und die der Buche für den Bodenraum 5...40 cm nahezu überall, so daß z. B. Kiefernstandräume massiv von Buchenfeinwurzeln unterwachsen werden. In Lückenbereiche, wo eine Bodenvegetation noch fehlt, aber auch bei wenig Niederschlag Regenwasser durchtropft und den Humus benetzt, ist die Dichte lebender Kiefernfeinwurzeln im O_{fh}-Horizont mit über 1500 mg/l besonders hoch. Offenbar ertragen sie die Feuchteschwankungen im Humus recht gut.

Die Buche vermag den Boden im Rein- besser als im Mischbestand zu explorieren. Erst nach Jahren etabliert sich eine schüttere Bodenvegetation schattentoleranter Arten, die ihre Wurzeln in Auflage und Oberboden entsenden (z. B. *Oxalis acetosella, Milium effusum*).

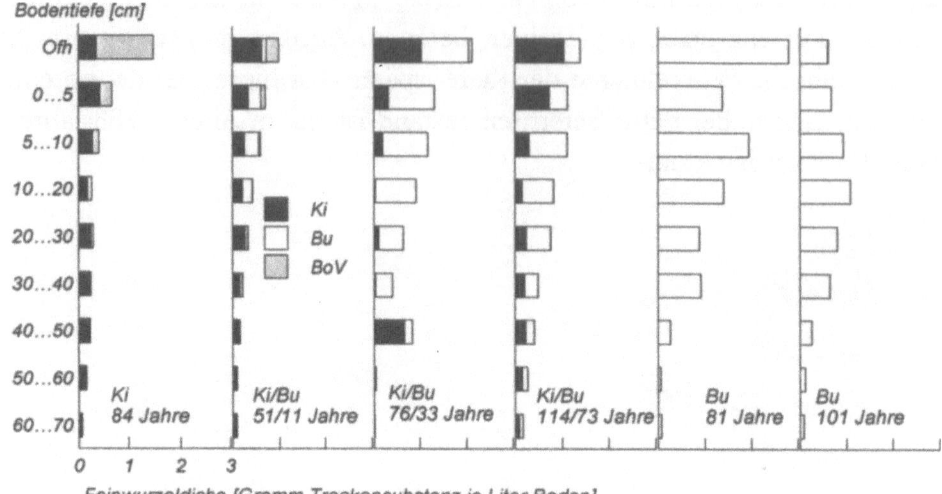

Abb. 3. Veränderung der Dichte lebender Feinwurzeln [g TS/l] bis 70 cm Bodentiefe (Dezember 1999).

Bio-/Nekromasse-Verhältnis und Verzweigungsindex

Nur über das Jahr verteilte Beprobungen und die Interpretation mit Hilfe eines Flußmodells können verläßliche Aussagen zum Feinstwurzelumsatz ermöglichen (MURACH 1991). Versuche mit dem Minicontainersystem erbrachten, daß gegenüber Buche der Kiefernfeinstwurzelabbau 1,5- bis 2,5mal schneller erfolgt. Im Verlauf einer Vegetationsperiode verlieren inkubierte Feinstwurzeln der Kiefer ca. 20 % und der Buche 10 % ihrer Ausgangsmasse. Gleiche Bio-/Nekromasse-Anteile implizieren also höhere Umsätze bei Kiefer.

Das Verhältnis lebender zu toten Feinstwurzeln (Abb. 4) ist im Mischbestand gegenüber dem von Kiefern- und Buchenreinbestand erhöht. Je nach Horizont steigt der Anteil lebender Kiefernfeinstwurzeln von 40...60 % auf 60...80 % und mehr, bei Buche von ca. 60 % auf 80 %. Da gezeigt werden kann, daß sich die Feinstwurzelabbaurate zwischen den Flächen nicht wesentlich unterscheidet, sind die Feinstwurzeln im Mischbestand vitaler als im Reinbestand. Ursache könnte sein, daß nicht mehr so viele artgleiche Wurzeln um ähnliche Nischen konkurrieren und die Autointoleranz gegen eigene Wurzelexsudate abnimmt.

Der Verzweigungsindex (Abb. 5) ist art- und umweltabhängig (MEYER 1987). Er hat im Reinbestand bei Kiefer einen Wert um 4 und bei Buche zwischen 5 (bei 50 cm) und 6,5 (O_{fh}). Im Mischbestand verringert er sich tendenziell bei beiden

Baumarten (3 bzw. 4 bis 6). Möglicherweise ist dies ein xeromorphes Merkmal (BARTSCH 1985). Durch die Mischung wird die Bodenwasserverfügbarkeit geringer und die Wurzeln bilden vermehrt hydrotaktische Langwurzeln.

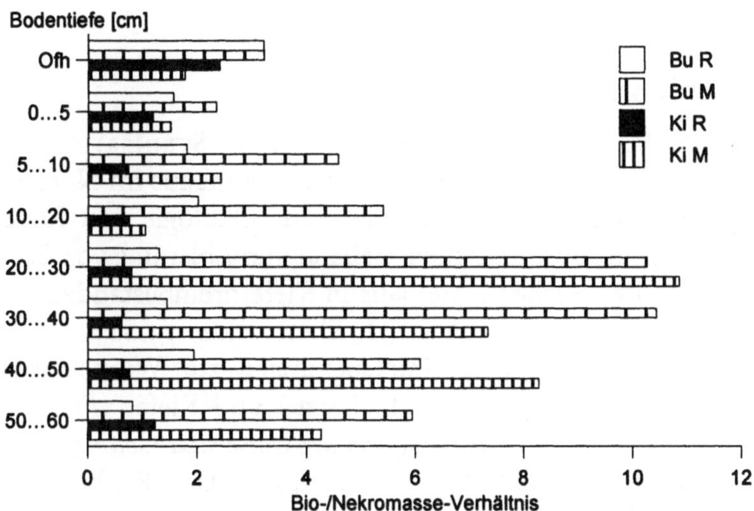

Abb. 4. Veränderung des Bio-/Nekromasse-Verhältnisses der Feinstwurzeln d < 1 mm von Kiefer (84 Jahre) und Buche (81 Jahre) durch Mischung (114/73 Jahre, Dezember 1999).

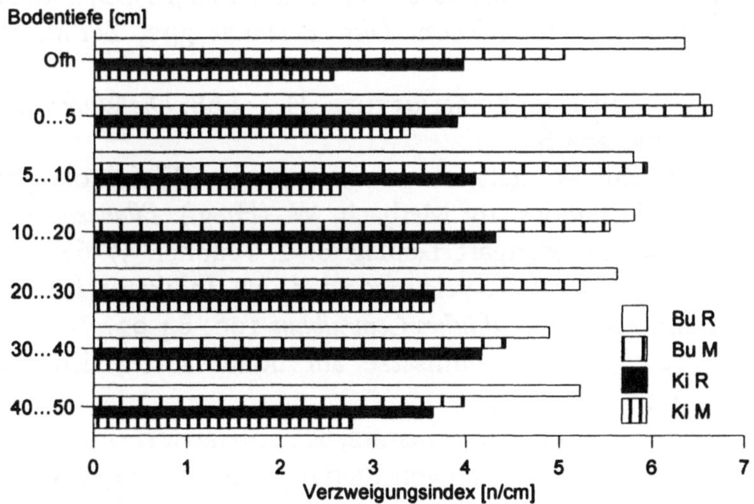

Abb. 5. Veränderung des Verzweigungsindex [n/cm] von Kiefer (84 Jahre) und Buche (81 Jahre) durch Mischung (114/73 Jahre, Mai 2000).

Danksagung

Die hier vorgestellten Untersuchungen sind Teil des Verbundprojektes „Ökologische Voraussetzungen und Wirkungen des Waldumbaus im nordostdeutschen Tiefland", BMBF-Förderkennzeichen 0339731.

Literaturverzeichnis

ANDERS, S.; BECK, W.; HORNSCHUCH, F.; MÜLLER, J.; STEINER, A., 2001: Ökologische Voraussetzungen und Wirkungen des Waldumbaus im Nordostdeutschen Tiefland. Teilvorhaben A: Untersuchungen zur Ökologie von Kiefern-Buchen-Mischbeständen im nordostdeutschen Tiefland und Ableitung von Empfehlungen zur Durchführung des Buchen-Unterbaus in Kiefernreinbeständen. Zwischenbericht, BMBF-Förderkennzeichen 0339731, Eberswalde, 93 S.

BARTSCH, N., 1985: Ökologische Untersuchungen zur Wurzelentwicklung an Jungpflanzen von Fichte (*Picea abies* L. Karst.) und Kiefer (*Pinus sylvestris* L.). *Berichte des Forschungszentrum Waldökosystem der Universität Göttingen* 15, 230 S.

EISENBEIS, G.; DOGAN, H.; HEIBER, T.; KERBER, A.; LENZ, R.; PAULUS, R., 1995: Das Minicontainer-System – ein bodenökologisches Werkzeug für Forschung und Praxis. *Mitteilungen der Deutschen Bodenkundlichen Gesellschaft* 76, 585–588.

KALELA, E. K., 1957: Über Veränderungen in den Wurzelverhältnissen der Kiefernbestände im Laufe der Vegetationsperiode. *Acta Forestalia Fennica* 65, 1–41.

KALHOFF, M., 2000: Das Feinwurzelsystem in einem Kiefern-Eichen-Mischbestand: Struktur, Dynamik und Interaktion. *Diss. Botanicae* 332, Berlin, Stuttgart: J. Cramer, 199 S.

KÖSTLER, J. N.; BRÜCKNER, E.; BIEBELRIETHER, H., 1968: *Die Wurzeln der Waldbäume.* Parey, Hamburg, 284 S.

KRAKAU, U., 1998: Zur Wurzelstruktur von typischen Kiefernökosystemen des nordostdeutschen Tieflandes. In: Merbach, W. (Hrsg.): *Pflanzenernährung, Wurzelleistung und Exsudation.* Stuttgart, Leipzig: B. G. Teubner, 57–64.

MEYER, F. H., 1987: Der Verzweigungsindex, ein Indikator für Schäden am Feinwurzelsystem. *Forstwirtschaftliches Centralblatt* 106, 84–92.

MURACH, D., 1991: Feinwurzelumsätze auf bodensauren Fichtenstandorten. *Forstarchiv* 62, 12–17.

PAPEN, H.; BUTTERBACH-BAHL, K.; GASCHE, R.; ZUMBUSCH; E.; WILLIBALD, G.; NUBLING, J., 2001: Umwandlung von Kiefernreinbeständen in Kiefern-Buchen-Mischwälder: Auswirkungen auf mikrobielle N- und C-Umsetzungen sowie gasförmige N- und C-Verluste. Arbeitsbericht zum Forschungsprojekt BMBF-BEO 0339729A. Garmisch-Partenkirchen, 35 S.

Durchwurzelung, Rhizodeposition und Pflanzenverfügbarkeit von Nährstoffen und Schwermetallen
12. Borkheider Seminar zur Ökophysiologie des Wurzelraumes
Hrsg.: W. Merbach, B. W. Hütsch, L. Wittenmayer, J. Augustin
B. G. Teubner – Stuttgart · Leipzig · Wiesbaden (2002), S. 23–28

Anpassung der Plamalemma-H$^+$-ATPase von Proteoidwurzeln der Weißlupine an Phosphatmangel

Yiyong ZHU, Caroline MÜLLER, Feng YAN und Sven SCHUBERT
Institut für Pflanzenernährung, Interdisziplinäres Forschungszentrum, Justus-Liebig-Universität, Heinrich-Buff-Ring 26–32, D-35392 Gießen

Abstract

White lupin (*Lupinus albus* L.) is able to adapt to phosphorus deficiency by producing proteoid roots, which release a large amount of organic acids, phosphatases, and phenolic substances to mobilize sparingly soluble soil phosphate in the rhizosphere. Previously we showed that rhizosphere acidification by proteoid roots is related to the higher activity of plasma membrane H$^+$-ATPase. In the present study we focused on the mechanisms which are responsible for the increase in the activity of plasma membrane H$^+$-ATPase of active proteoid roots. Plasma membranes were isolated from proteoid roots and lateral roots from P-deficient and P-sufficient plants. The plasma membrane H$^+$-ATPase enzyme concentration was determined by means of Western analysis using a specific antibody for plant plasma membrane H$^+$-ATPase. In comparison with lateral roots, the plasma membrane H$^+$-ATPase enzyme concentration was four times higher for active proteoid roots. In addition, the ATPase hydrolytic activity in plasma membrane of active proteoid roots showed a more acidic pH optimum, lower affinity to the substrate and lower vanadate sensitivity. Our data indicates that both quantitative and qualitative modifications of plasma membrane H$^+$-ATPase contribute to the adaptation of active proteoid roots from P-deficient white lupin to P deficiency.

Einleitung

Höhere Pflanzen haben verschiedene Mechanismen entwickelt, um im Boden schwerlösliche Nährstoffe besser erschließen zu können. Als Antwort auf P-Mangel kann man sowohl morphologische als auch physiologische Anpassungsmechanismen der Pflanzen in Betracht ziehen. Durch die Ausbildung der Proteoidwurzeln hat die Weißlupine ein effizientes System entwickelt, schwer verfügbare P-Vorkommen in der Rhizosphäre zu mobilisieren (NEUMANN *et al.* 2000). Dieses System resultiert aus der Abgabe phenolischer Substanzen und organischer Säuren, insbesondere Citronen- und Äpfelsäure, der Ansäuerung des Bodenmediums und der Erhöhung der Aktivität des Enzyms „saure Phosphatase" (DINKELAKER *et al.* 1995, GILBERT *et al.* 2000, NEUMANN *et al.* 2000). Die Mechanismen der Abgabe organischer Säuren sind bisher noch nicht vollständig aufgeklärt. Ein cytosolischer pH-Wert von 7,0...7,5 bedingt jedoch eine Abgabe dieser Säuren in ihrer deprotonierten Form. Aus diesem Grund muß das Vorhandensein eines zweiten Transportsystems für die Ausscheidung der Protonen postuliert werden. Im Allgemeinen resultiert die Protonenabgabe aus Pflanzenzellen aus der Aktivität der Plasmalemma-H^+-ATPase (SZE *et al.* 1999). Die durch die Plasmalemma-H^+-ATPase hervorgebrachte elektromotorische Kraft könnte mit der Abgabe organischer Säuren gekoppelt sein. In früheren Untersuchungen konnten wir zeigen, daß die Aktivität der Plasmalemma-H^+-ATPase der aktiven Proteoidwurzeln von P-Mangelpflanzen viel höher war als die der Seitenwurzeln von Kontrollpflanzen (MÜLLER *et al.* 2001). Prinzipiell läßt sich eine erhöhte Plasmalemma-H^+-ATPase-Aktivität mindestens auf zwei Ebenen erklären: eine erhöhte katalytische Effizienz oder eine erhöhte Enzymkonzentration in Membranen. Um die Mechanismen für die erhöhte Aktivität der Plasmalemma-H^+-ATPase in aktiven Proteoidwurzeln weiter zu charakterisieren, wurde in der vorliegenden Arbeit die Enzymkonzentration der H^+-ATPase in aktiven Proteoidwurzeln von Weißlupine mittels spezifischem Antikörper untersucht.

Material und Methoden

Weißlupine (*Lupinus albus* L. cv. ‚Amiga') wurde für drei Wochen einerseits unter P-Mangel und andererseits unter optimalen Nährstoffverhältnissen in Hydrokultur herangezogen. Wir haben außer aktiven Proteoidwurzeln (*-P-Pr.*, die jüngste vollentwickelte und ansäuernde Proteoidwurzel von –P-Pflanzen) noch weitere drei unterschiedliche Wurzeln, nämlich die Apikalzone (4...5 cm von Wurzelspitze) der Seitenwurzeln von +P-Pflanzen (*+P-S*), Proteoidwurzeln der +P-Pflanzen (*+P-Pr.*), die Apikalzone (4...5 cm von Wurzelspitze) der Seitenwurzeln von –P-Pflanzen (*-P-S*) geerntet. Das Plasmalemma wurde mittels Zwei-Phasen-Trennung in wäßrigem *Dextran T-500* und *PEG-3350* isoliert (SANDELIUS und MORRE 1990). Das gewonnene Plasmalemma zeigte einen Reinheitsgrad von über 90 %. Die Messung der hydrolytischen H^+-ATPase-Aktivität beruhte auf der kolorimetrischen Bestimmung des von diesem Enzym freigesetzten Phosphats während eines bestimmten Zeitraums. $MgSO_4$ und Na_2ATP in der Reaktionslösung stellten das als Substrat benötigte MgATP bereit. Die Angabe der ATPase-Aktivität erfolgte schließlich in µmol P_{an}/(min · mg Protein). Das pH-Optimum wurde unter Verwendung acht verschiedener Pufferlösungen gleicher Zusammensetzung mit pH-Werten von 5,6 bis 7,0 ermittelt. Für die Bestimmung der Plasmalemma-H$^+$-ATPase-Aktivität wurde ein Enzyminhibitorenkomplex, bestehend aus 50 mM KNO$_3$, 1 mM NaN$_3$ und 1 mM Na$_2$MoO$_4$ eingesetzt, so daß schließlich die spezifische Plasmalemma-H$^+$-ATPase-Aktivität durch die Messung der Lichtabsorption bei 820 nm im Spektralphotometer ermittelt werden konnte.

Für die gelelektrophoretische Analyse wurde ein SDS-Gel mit Membranproteinen beladen. Nach der Trennung der Membranproteine wurde das Gel mit Coomassie gefärbt. Für die Western-Analyse fand ein spezifischer Antikörper für die Plasmalemma-H$^+$-ATPase Verwendung. Die Signalintensität konnte densitometrisch ausgewertet werden. Durch Messung der spezifischen ATPase-Aktivität bei variierenden Substratkonzentrationen (ATP) und der zugrundeliegenden Michaelis-Menten-Abhängigkeit ließen sich die K_m- und v_{max}-Werte der Plasmalemma-H$^+$-ATPase ermitteln. Die Empfindlichkeit der H$^+$-ATPase gegenüber Vanadat, einem Inhibitor für E_1E_2-Typ-ATPasen, wurde in einem Konzentrationsbereich von 1 bis 500 μM untersucht.

Ergebnisse und Diskussion

Eine starke Ansäuerung durch Proteoidwurzeln wurde nur bei den jüngsten vollentwickelten Proteoidwurzeln der –P-Pflanzen festgestellt, während die älteren Proteoidwurzeln und apikale Seitenwurzeln von –P-Pflanzen keine Ansäuerung zeigten. Die bei +P-Pflanzen gebildeten Proteoidwurzeln konnten ebenfalls keine Ansäuerung der Rhizosphäre hervorrufen. Die Ansäuerung der aktiven Proteoidwurzeln konnte durch Zugabe von 1 mM Vanadat, einem Inhibitor der H$^+$-ATPase, vollständig gehemmt werden. Diese Tatsache bedeutet, daß eine starke Ansäuerungsfähigkeit der intakten aktiven Proteoidwurzeln nicht nur von der Wurzelstruktur, sondern auch von der P-Ernährung und besonders vom physiologischen Stadium der Proteoidwurzeln abhängig ist.

Die H$^+$-ATPase-Aktivität im Plasmalemma der aktiven Proteoidwurzeln war bei optimalem pH-Wert dreifach höher als die Aktivität des Enzyms aus anderen Wurzeln. Eine zweifache Erhöhung konnte sogar bei pH 7 festgestellt werden (Abb. 1). Dagegen war die Aktivität der H$^+$-ATPase aus Seitenwurzeln der –P-Pflanzen in einem pH-Bereich von 6,4...7,0 signifikant niedriger als diejenige aus Seitenwurzeln oder Proteoidwurzeln der +P-Pflanzen. Es gab keinen Unterschied in der H$^+$-ATPase-Aktivität zwischen Seitenwurzeln und Proteoidwurzeln, wenn Weißlupinen mit 0,25 mM P ernährt wurden. Es ist damit ersichtlich, daß die deutliche Aktivitätserhöhung der H$^+$-ATPase im Plasmalemma der aktiven Proteoidwurzeln nicht nur von der Wurzelstruktur, sondern auch von der P-Ernährung abhängig ist. Dies stimmt mit dem Ansäuerungsvermögen der untersuchten Wurzeln *in vivo* überein. Aus der Abb. 1 ist auch ersichtlich, daß die H^+-ATPase im Plasmalemma aktiver Proteoidwurzeln ein saureres pH-Optimum (pH 6,0) besitzt als das Enzym aus anderen Wurzeln (pH 6,4).

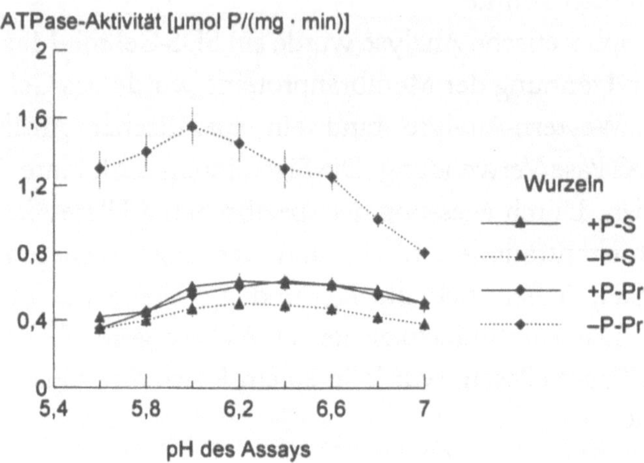

Abb. 1. pH-Abhängigkeit der Plasmalemma H^+-ATPase Aktivität aus unterschiedlichen Wurzeln. *S* – Seitenwurzeln, *Pr.* – Proteoidwurzeln, *–P* – Phosphatmangel, *+P* – adäquate P-Versorgung.

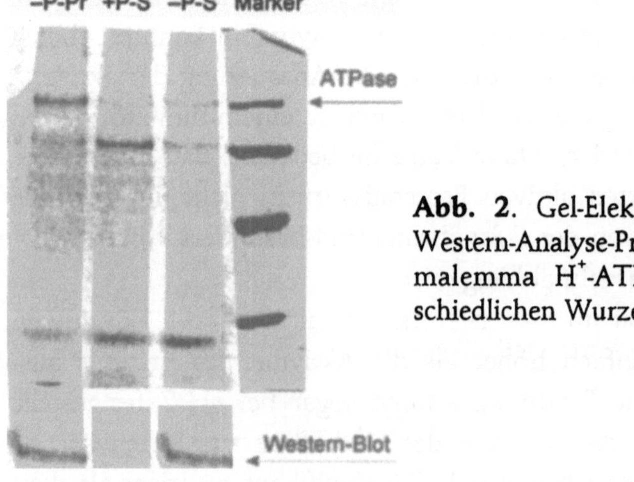

Abb. 2. Gel-Elektrophorese- und Western-Analyse-Protokoll der Plasmalemma H^+-ATP-ase an unterschiedlichen Wurzeln.

Western-Blot

Die höhere Aktivität der Plasmalemma-H^+-ATPase der aktiven Proteoidwurzeln kann entweder auf eine größere Anzahl an Enzymmolekülen pro Membraneinheit oder eine effizientere ATP-Hydrolyse des adaptierten Enzyms zurückgeführt werden. Aus diesem Grund wurde die Western-Analyse durchgeführt. Aus dem Protokoll der Gelelektrophorese konnte festgestellt werden, daß ein deutlich höheres Signal bei einem Molekulargewicht von 97 kD (entspricht der pflanzlichen Plasmalemma-H^+-ATPase) für die Membranfraktion aus aktiven Proteoidwurzeln gemessen werden konnte, verglichen mit den Banden beider Seitenwurzeln (Abb. 2). Mit einem spezifischen Antikörper gegen die Plasmalemma-H^+-ATPase war die ATPase-Konzentration (bezogen auf die gesamten Membranproteine) im Plasmalemma der aktiven Proteoidwurzeln etwa vierfach höher als die im Plasmalemma von beiden Seitenwurzeln. Dies spricht für eine Überexprimierung der Plasmalemma-H^+-ATPase in aktiven Proteoidwurzeln.

Für die weitere Charakterisierung der H^+-ATPase im Plasmalemma der aktiven Proteoidwurzeln wurden die kinetischen Charakteristika des Enzyms analysiert. Für alle untersuchten Membranen zeigte die Abhängigkeit der H^+-ATPase-Aktivität von der ATP-Konzentration eine typische Michaelis-Menten-Kinetik. Die Transformation der Meßdaten nach Eadie-Hofstee zeigte eine gute Linearität. Daraus konnten die K_m-Werte der Enzyme berechnet werden (Tab. 1). Die H^+-ATPase im Plasmalemma aus aktiven Proteoidwurzeln zeigte eine deutliche Erhöhung in K_m im Vergleich zu der aus anderen Seitenwurzeln. Das deutet auf eine signifikante Absenkung der Affinität der H^+-ATPase im Plasmalemma der aktiven Proteoidwurzeln zum Substrat ATP hin. Es gab keine Veränderung in der Enzymaffinität zum Substrat für die ATPase beider Seitenwurzeln.

Tab. 1. Qualitative Veränderung von H^+-ATPase im Plasmalemma aktiver Proteoidwurzeln von Weißlupinenwurzeln.

	pH-Optimum	K_m [mM]	I_{50} [µM]
Assay-pH		6,5	6,0
–P-Proteoidwurzeln	6,0	0,91 ± 0,05	9,38 ± 1,17
+P-Seitenwurzeln	6,4	0,51 ± 0,02	4,79 ± 0,11
–P-Seitenwurzeln	6,4	0,63 ± 0,02	6,36 ± 0,21

Bei pH 6,0 war die H^+-ATPase im Plasmalemma der aktiven Proteoidwurzeln deutlich weniger empfindlich (höhere I_{50}) gegenüber Vanadat als die beider Seitenwurzeln. Dazu war die Vanadatempfindlichkeit der H^+-ATPase im Plasmalemma von –P-Seitenwurzeln signifikant geringer als die von +P-Seitenwurzeln (Tab. 1). Alle in Tab. 1 aufgelisteten Parameter deuten auf eine qualitative Veränderung der H^+-ATPase im Plasmalemma der aktiven Proteoidwurzeln hin. Dies spricht für eine Isoform der H^+-ATPase in aktiven Proteoidwurzeln.

Unsere Daten deuten darauf hin, daß eine Überexprimierung einer oder mehrerer spezifischer Isoform(en) der Plasmalemma-H^+-ATPase für das hohe Ansäuerungsvermögen von aktiven Proteoidwurzeln der Weißlupine bei der Anpassung an Phosphatmangel verantwortlich ist. Somit ist die Plasmalemma-H^+-ATPase für die Anpassung der Weißlupine an Phosphatmangel von essentieller Bedeutung.

Literaturverzeichnis

DINKELAKER, B.; HENGELER, C.; MARSCHNER, H., 1995: Distribution and function of proteoid roots and other root clusters. *Botanica Acta* 108, 183–200.

GILBERT, G. A.; KNIGHT, J. D.; VANCE, C. P.; ALLAN, C. L., 2000: Proteoid root development of phosphorus deficient lupin is mimicked by auxine and phosphonate. *Annals of Botany* 85, 921–928.

MÜLLER, C.; ZHU, Y.; YAN, F.; SCHUBERT, S., 2001: Biochemische Untersuchungen zur Protonenabscheidung von Proteoidwurzeln der Weißlupine. In: W. Merbach, L. Wittenmayer, J. Augustin, J. (Hrsg.): *Physiologie und Funktion von Pflanzenwurzeln.* Stuttgart, Leipzig, Wiesbaden: B. G. Teubner, 93–98.

NEUMANN, G.; MASSONNEAU, A.; LANGLANDE, N.; DINKELAKER, B.; HENGELER, C.; RÖMHELD, V.; MARTINOLA, E., 2000: Physiological aspects of cluster root function and development in phosphorus-deficient white lupin (*Lupinus albus* L.). *Annals of Botany* 85, 909–919.

SANDELIUS, A. S.; MORRE, D. J., 1990: Plasma membrane isolation. In: C. Larsson, I. M. Møller (Hrsg.) *The Plant Plasma Membrane.* Berlin, Heidelberg, New York, Tokio: Springer, 44–75.

SZE, H.; LI, X.; PALMGREN, M. G., 1999: Energization of plant cell membranes by H^+-pumping ATPases: regulation and biosynthesis. *The Plant Cell* 11, 677–689.

2

Pflanzen–Mikroben-Interaktionen

Durchwurzelung, Rhizodeposition und Pflanzenverfügbarkeit von Nährstoffen und Schwermetallen
12. Borkheider Seminar zur Ökophysiologie des Wurzelraumes
Hrsg.: W. Merbach, B. W. Hütsch, L. Wittenmayer, J. Augustin
B. G. Teubner – Stuttgart · Leipzig · Wiesbaden (2002), S. 31–35

Einfluß einer Bakterieninokulation auf die N- und P-Ernährung junger Weizenpflanzen bei unterschiedlichen Düngungsstufen

Annette DEUBEL, Neeru NARULA, Andreas GRANSEE und Wolfgang MERBACH
Institut für Bodenkunde und Pflanzenernährung der Martin-Luther-Universität Halle – Wittenberg, Adam-Kuckhoff-Straße 17b, D-06108 Halle/Saale, E-Mail: deubel@landw.uni-halle.de

Abstract

Interactions between higher plants and microorganisms play an essential role in the nutrient supply of higher plants. Therefore bacterial strains which are able to fix atmospheric nitrogen, to mobilize soil nutrients and/or produce phytohormones are used as biofertilizers particularly in countries with limited mineral fertilizer use and unfavourable soil pH.

A pot experiment under green house conditions was conducted to answer the question, under which nutritional conditions bacterial inoculates can improve the nutrient supply of young wheat plants and which mechanisms are important for beneficial effects. The bacterial settlement was increased by inoculation in nearly all cases. The effective colonisation of two strains – 'D 5/23' (*Pantoea agglomerans*, Germany) and 'Mac 27' (*Azotobacter chroococcum*, India) was confirmed using DAS-ELISA. However, only under nitrogen deficiency the inoculation increased the dry matter production of young wheat plants. The nitrogen supply of the plants was improved by 'D 5/23' and 'Mac 27' in all treatments. Simultaneously the total nitrogen content of the rhizosphere soil was decreased. Besides a possible associative N_2 fixation the inoculation with these strains increased the nutrient uptake efficiency of the roots, presumable as a result of phytohormonal effects.

The phosphorus status of the plants was nearly not influenced by the strains we used in this experiment. Beneficial effects of bacterial inoculation depend on the nitrogen level of the plants, being mainly recognisable at insufficient nitrogen supply.

Einleitung

Wechselwirkungen zwischen höheren Pflanzen und Bodenmikroorganismen spielen bei der Nährstoffversorgung von Kulturpflanzen eine nicht zu unterschätzende Rolle. So können Rhizosphärenbakterien über eine Mobilisierung von Bodennährstoffen, die Fixierung von Luftstickstoff, aber auch über eine hormonelle Förderung des Wurzelwachstums zur Pflanzenernährung beitragen. Speziell in Ländern mit limitiertem Mineraldüngereinsatz und geringen verfügbaren P-Gehalten in den Böden gibt es vielfältige Bemühungen zum Einsatz von Bakterieninokulaten als „Biofertilizer" (NARULA et al. 2000). Ziel der vorliegenden Untersuchungen war es zu klären, unter welchen Ernährungsbedingungen die Jugendentwicklung von Weizen durch Bakterieninokulation verbessert werden kann und welche Mechanismen einer Wachstumsförderung zugrunde liegen.

Material und Methoden

Sommerweizen der Sorte ,Munk' wurde acht Wochen in Gefäßen mit 1,2 kg eines Gemisches aus Quarzsand und Boden des Versuchsfeldes Halle (sandiger Lehm) im Verhältnis 1 : 1 in vier Düngungsstufen ($+P+N$, $-P+N$, $+P-N$ und $-P-N$) angezogen.

Düngung pro Kilogramm Substrat: 167 mg K als K_2SO_4, 42 mg Mg als $MgSO_4 \cdot 7 H_2O$, 0,17 ml 5%ige $FeCl_3$-Lösung, 0,17 ml A-Z-Lösung nach Hoagland (a und b), 133 mg $CaCO_3$. $+N$: 90 mg N, $-N$: 45 mg N als NH_4NO_3, $+P$: 117 mg P, $-P$: 0 mg P als $Ca(H_2PO_4)_2 \cdot H_2O$.

Im Vergleich zu einer unbeimpften Kontrollvariante erfolgte eine Saatgutinokulation unter unsterilen Bedingungen mit einem in Deutschland isolierten *Pantoea agglomerans*-Stamm (,D 5/23') und zwei in Indien isolierten *Azotobacter chroococcum*-Stämmen (,Mac 27' und ,MSX 9'). Alle verwendeten Stämme zeigen in vitro N_2-Fixierung, Calciumphosphatmobilisierung und Phytohormonproduktion (DEUBEL et al. 2000, NARULA et al. 1993).

Nach der Ernte erfolgte eine Keimzahlbestimmung in Rhizosphären- und Restboden auf Agarplatten, bei ,D 5/23' und ,Mac 27' auch ein spezifischer Nachweis der Stämme mit Hilfe von DAS ELISA (REMUS et al. 2000).

Die Gesamt-N-Gehalte in Pflanzen- und Bodenmaterial wurden mit Hilfe eines C/N-Analysators (*vario EL*, Elementaranalysesysteme Hanau), die Gesamt-P-Gehalte der Pflanzen kolorimetrisch nach Veraschung (GERICKE und KURMIES 1952) bestimmt. In den Bodenfraktionen wurden die pflanzenverfügbaren P-Gehalte im Doppellaktat- (HOFFMANN 1991) und Wasserextrakt (VAN DER PAAUW 1971) ermittelt.

Ergebnisse und Diskussion

Grundvorraussetzung für eine Nutzbarkeit von „Biofertilizern" ist die Durchsetzungsfähigkeit der inokulierten Stämme unter unsterilen Bedingungen. ‚D 5/23' und ‚Mac 27' führten in allen Düngungsvarianten zu einer erheblichen Keimzahlerhöhung in der Rhizosphäre, auf niedrigerem Niveau auch im Restboden (Abb. 1 und 2). Eine effektive Besiedlung des Wurzelraumes konnte bei diesen Stämmen mittels DAS-ELISA nachgewiesen werden. Bei ‚MSX 9' war die Erhöhung des Bakterientiters nur im Restboden in der +P+N- und der -P-N-Variante signifikant.

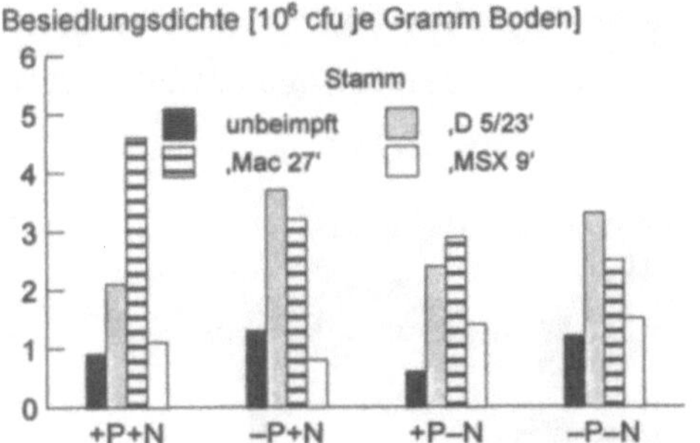

Abb. 1. Einfluß einer Bakterieninokulation auf die mikrobielle Besiedlungsdichte in der Rhizosphäre von Weizen bei unterschiedlichen Düngungsstufen.

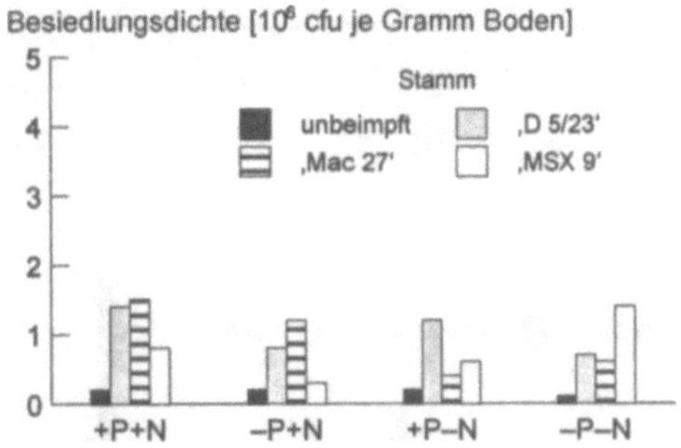

Abb. 2. Einfluß einer Bakterieninokulation auf die mikrobielle Besiedlungsdichte im Restboden von Weizen bei unterschiedlichen Düngungsstufen.

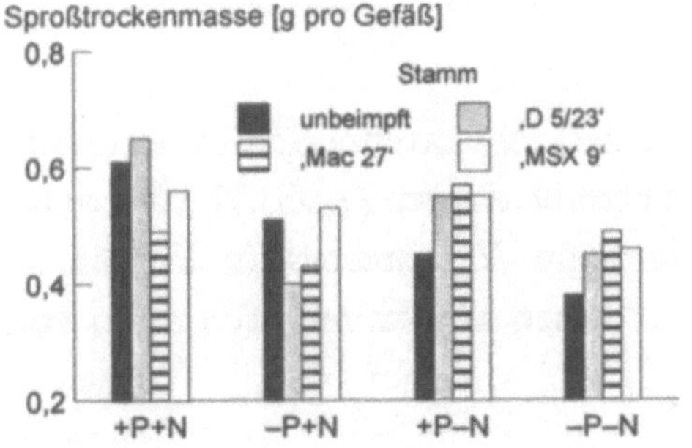

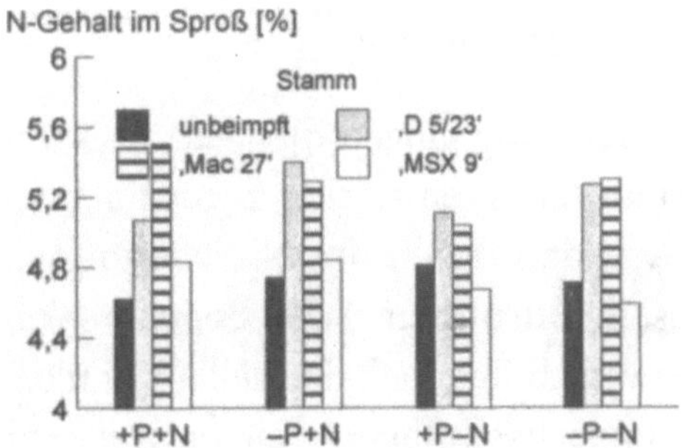

Abb. 3. Einfluß einer Bakterieninokulation auf die Sproß-Trockenmasseproduktion acht Wochen alter Weizenpflanzen bei unterschiedlichen Düngungsstufen.

Abb. 4. Einfluß einer Bakterieninokulation auf die N-Gehalte im Sproß von Weizen bei unterschiedlichen Düngungsstufen.

Die Trockenmasseproduktion der Jungpflanzen wurde nicht in allen Düngungsvarianten durch eine Bakterieninokulation erhöht (vgl. Abb. 3).

Bei ausreichender Stickstoffversorgung wurden teilweise sogar geringere Zuwächse verzeichnet. Möglicherweise führte die in Abb. 1 erkennbare höhere mikrobielle Aktivität in der Rhizosphäre auch zu einem stärkeren Sink für Assimilate, was die Pflanzen unter Gewächshausbedingungen (geringere Beleuchtungsintensität als im Freiland) nicht voll kompensieren konnten. In den beiden Stickstoffmangelvarianten führten alle drei Bakterieninokulate zu Trockenmassezuwächsen von 20...30 %.

Einen eindeutig positiven Effekt hatte die Bakterieninokulation auf die Stickstoffversorgung der Pflanzen. Die N-Gehalte im Sproß wurden durch ‚D 5/23‘ und ‚Mac 27‘ in allen Düngungsvarianten gesteigert (vgl. Abb. 4). In den beiden N-Mangelvarianten, in denen gleichzeitig höhere Trockenmasseerträge erzielt wurden, führte das zu 30...40 % höheren Stickstoffentzügen pro Gefäß.

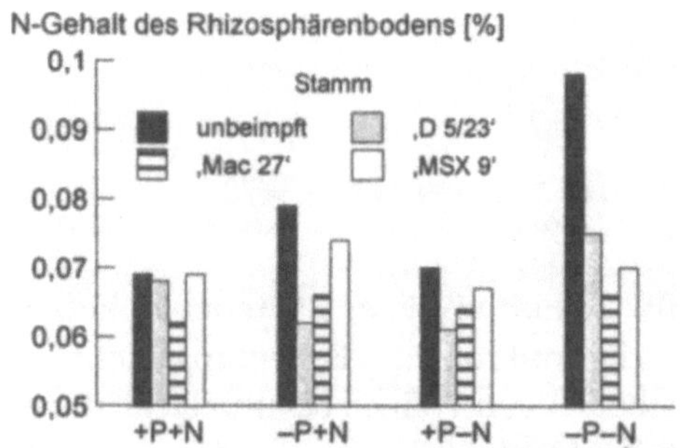

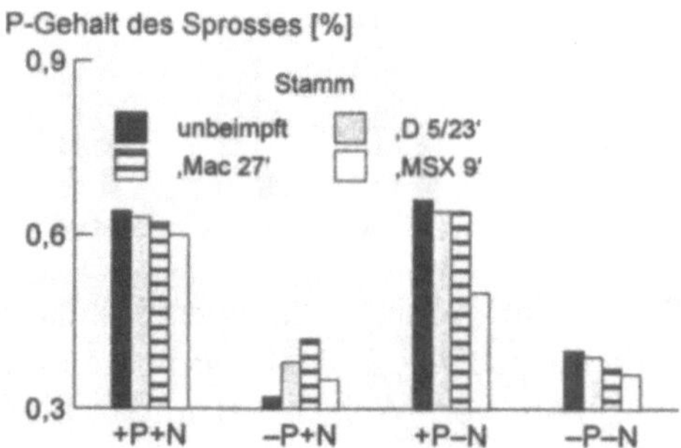

Abb. 5. Einfluß einer Bakterieninokulation auf die Gesamt-N-Gehalte in der Rhizosphäre junger Weizenpflanzen bei unterschiedlichen Düngungsstufen.

Abb. 6. Einfluß einer Bakterieninokulation auf die P-Gehalte im Sproß von Weizen bei unterschiedlichen Düngungsstufen.

Gleichzeitig gingen die Gesamt-N-Gehalte im Rhizosphärenboden in den inokulierten Varianten stärker zurück als in den Kontrollvarianten (Abb. 5), was darauf deutet, daß neben der N_2-Fixierung eine allgemeine Wachstumsstimulierung und bessere Ausnutzung der Boden-N-Vorräte für diesen Effekt verantwortlich sind. Vermutlich hat die bakterielle Produktion von Phytohormonen, die die Wurzelmorphologie beeinflussen, einen wesentlichen Anteil am Nutzen dieser Bakterienpräparate.

Die Phosphatversorgung der Pflanzen wurde durch die Bakterieninokulation nicht beeinflußt. Die Sproß-P-Gehalte (Abb. 6) spiegeln deutlich die beiden P-Düngungsstufen wider. Lediglich bei ausreichender Stickstoff- und mangelhafter Phosphatversorgung (-*P*+*N*) gab es eine nicht signifikante Tendenz zu höheren P-Gehalten in den inokulierten Varianten, die durch die geringere Trockenmasseproduktion aber nicht mit höheren P-Entzügen einherging. Allerdings wurde in dieser Düngungsstufe eine Steigerung der Doppellactat- und Wasserlöslichkeit der vorhandenen Bodenphosphate vor allem durch die beiden *Azotobacter*-Stämme beobachtet, welche in der kurzen Vegetationszeit aber nicht in Trockenmassezuwachs umgesetzt werden konnte.

Zusammenfassend läßt sich sagen, daß der Nutzen einer Inokulation wachstumsfördernder Bakterien von der Bodennährstoffversorgung abhängt. Positive Effekte waren in erster Linie bei unzureichender Stickstoffversorgung erkennbar.

Literaturverzeichnis

DEUBEL, A.; GRANSEE, A.; MERBACH, W., 2000: Transformation of organic rhizodepositions by rhizosphere bacteria and its influence on the availability of tertiary calcium phosphate. *Journal of Plant Nutrition and Soil Science* 163, 387-392.

GERICKE, S.; KURMIES, B., 1952: Die kolorimetrische Phosphorbestimmung mit Ammonium-Vanadat-Molybdat und ihre Anwendung in der Pflanzenanalyse. *Zeitschrift für Pflanzenernährung und Bodenkunde* 59, 235-247.

HOFFMANN, G., 1991: 1. Die Untersuchung von Böden. In: *Handbuch der Landwirtschaftlichen Versuchs- und Untersuchungsmethodik:* Methodenbuch R. Bassler, Darmstadt: VDLUFA-Verlag.

NARULA, N.; GUPTA, P. P. *et al.*, 1993: Field response of Indian mustard *Brassica juncea* to inoculation of soil isolates and analogue resistant mutants of *Azotobacter chroococcum*. *Annals of Biology Ludhiana* 9, 144-148.

NARULA, N.; KUMAR, V.; BEHL, R. K.; DEUBEL, A.; GRANSEE, A.; MERBACH, W., 2000: Effect of P-solubilizing *Azotobacter chroococcum* on N, P, K uptake in P-responsive wheat genotypes grown under greenhouse conditions. *Journal of Plant Nutrition and Soil Science* 163, 393-398.

REMUS, R.; RUPPEL, S.; JACOB, H.-J.; HECHT-BUCHHOLZ, C.; MERBACH, W., 2000: Colonization behaviour of two enterobacterial strains on cereals. *Biology and Fertility of Soils* 30, 550-557.

VAN DER PAAUW, F., 1971: An effective water extraction method for the determination of plant available soil phosphorus. *Plant and Soil* 34, 467-481.

Durchwurzelung, Rhizodeposition und Pflanzenverfügbarkeit von Nährstoffen und Schwermetallen
12. Borkheider Seminar zur Ökophysiologie des Wurzelraumes
Hrsg.: W. Merbach, B. W. Hütsch, L. Wittenmayer, J. Augustin
B. G. Teubner – Stuttgart · Leipzig · Wiesbaden (2002), S. 36–42

Die Beziehung zwischen Nährelementkonzentrationen der Feinstwurzeln und dem Vorkommen der Ektomykorrhizen

Jens WÖLLECKE*, Andreas STEINER[¤], Babette MÜNZENBERGER[‡] und Reinhard F. HÜTTL*

*)Brandenburgische Technische Universität Cottbus (BTU), Lehrstuhl für Bodenschutz und Rekultivierung; Postfach 101344, D-03013 Cottbus; [¤])Bundesforschungsanstalt für Forst- und Holzwirtschaft; Institut für Forstökologie und Walderfassung; Möllerstraße 1; D-16225 Eberswalde; [‡])Zentrum für Agrarlandschafts- und Landnutzungsforschung Müncheberg (ZALF), Institut für Primärproduktion und Mikrobielle Ökologie, Eberswalder Straße 84, D-15374 Müncheberg

Abstract

Mycorrhizal parameters are highly sensitive to environmental conditions. In two Scots pine stands impacted by different atmospheric nitrogen deposition in the lowlands of northeastern Germany we measured the nutrient content of fine roots as habitat parameter of mycorrhizal types. This kind of investigations can elucidate the ecological strategies of ectomycorrhizal fungi. The occurance of euryoecious species like *Xerocomus badius*, *Cenococcum geophilum* or *Lactarius rufus* showed no dependence on specific element contents in the roots, whereas distribution of *Russula ochroleuca* correlates with different parameters. Naturally, ectomycorrhizal coenosis are evolved with poor nutrient conditions. Corresponding to this, most of the observed ectomycorrhizal morphotypes, except the euryoecious species, reached an over proportional abundance on root tips of a low P and N content. This was especially pronounced by *Russula ochroleuca* mycorrhizae showing a distinct preference being established with root tips of low N, S, C, or P contents.

Einleitung

In naturnahen Forsten stellt sich eine hohe Artendiversität an Ektomykorrhizapilzen bei gleichzeitig nur wenigen Baumarten ein. Diese große Vielfalt ist nur bei differenzierter Nischentrennung der Pilzarten erklärbar. Zum Lebensraum des Mykobionten gehört auch die Feinstwurzel des Phytobionten. Der Elementgehalt der Feinstwurzeln ist ein Resultat der Zusammensetzung des Bodens im Einzugsbereich der Wurzel, der Ansprüche des Baumes und des Pilzes sowie der Möglichkeiten der Mobilisierung, Speicherung und Weitergabe der Nährelemente des Bodens durch den Pilz an den Baum. Über drei Jahre hinweg wurde die kleinräumige Verteilung der Mykorrhizaformen aufgenommen und die jeweiligen Nährelementgehalte der Feinstwurzeln mit der Abundanz der Mykorrhizaformen in Beziehung gesetzt.

Material und Methoden

In zwei Kiefernforsten des nordostdeutschen Tieflandes Brandenburgs (Forstrevier Hubertusstock und Bayerswald, jeweils mit der Hauptbaumart *Pinus sylvestris* L.) wurden in gleicher Weise je sechs Bäume ausgewählt, die repräsentativ für den jeweiligen Bestand waren. Sämtliche Beprobungen erfolgten daraufhin in einem Umkreis von bis zu 2,5 m um den Stamm dieser Bäume. Insgesamt wurden mit einem Bodenbohrer (ø 8 cm) an zusammen 13 Terminen 456 Wurzelproben entnommen. Die Bodenproben wurden in Humusauflage (Auflagehorizonte Ol bis Oh) gemäß AG BODEN (1994) und Mineralboden (0...10 cm) getrennt und bis zur Weiterverarbeitung in Plastikbeuteln bei 4 °C gelagert. Deren Aufarbeitung sowie die Charakterisierung der Mykorrhizen folgte AGERER (1991).

Wurzelinhaltsstoffe

Die Analyse der Wurzelinhaltsstoffe erfolgte nach 48 h Trocknung bei 60 °C bis zur Gewichtskonstanz. Ausgangsmaterial waren Wurzeln mit einem Durchmesser kleiner 1 mm, deren Mykorrhizierung zuvor bestimmt worden war. Zur chemischen Analyse wurden im Druckaufschlußverfahren jeweils 200 mg Trockensubstanz in 65%iger HNO_3 (suprapur) bei 180 °C (8 h) in Aufschlußautoklaven *6 AM* (Fa. Loftfieldt) aufgelöst (je Aufschluß zwei Parallelen). Anschließend erfolgte die Messung von P, Ca, Mg und Mn am ICP *UNICAM 701*-Emissions-Spectrometer sowie von K am Flammen-AAS *UNICAM 939*. Die C_t-, N_t- und S_t-Gehalte wurden am CNOH-Analysator (*vario EL*, Elementaranalysesysteme Hanau) bestimmt.

Präferenzwertberechnung

Um die Abundanzverteilung der einzelnen Mykorrhizaformen in Hinblick auf die untersuchten Wurzelinhaltsstoffe herauszuarbeiten, wurde die artspezifische Abundanz in einem Konzentrationsregime zur relativen Häufigkeit dieser Bedingung auf den Untersuchungsflächen ins Verhältnis gesetzt [verändert nach KLEIN (1994)]. Der so erhaltene dimensionslose Präferenzwert (*PW*) ist ein Maß für eine über- bzw. unterproportionale Abundanz unter bestimmten Habitatbedingungen durch die jeweilige Art. $PW = \dfrac{h_{AK}}{h_{PK}}$

h_{AK} – spezifische Nutzungshäufigkeit h des Merkmals K durch Art A
h_{PK} – relative Häufigkeit h des Merkmals K an der Gesamtstichprobe P

Zur besseren Vergleichbarkeit und Darstellung wurden die absoluten Präferenzwerte in relative Werte umgewandelt. Dazu wurde der maximal mögliche PW eines untersuchten Parameters (ausschließliches Vorkommen an Wurzeln eines Konzentrationsregimes und Fehlen in allen weiteren Regimen) gleich eins gesetzt. Für diese Werte ergeben sich dann folgende Interpretationsmöglichkeiten:

$PW > \dfrac{1}{n}$ – überproportional hohe Abundanz in dem Konzentrationsregime,

$PW = \dfrac{1}{n}$ – von dem Konzentrationsregime unabhängige Abundanz,

$PW < \dfrac{1}{n}$ – unterproportional niedrige Abundanz in dem Konzentrationsregime,

n = Anzahl der Konzentrationsregime.

Ausgeprägte unter- bzw. überproportional hohe Abundanzen innerhalb bestimmter Konzentrationsregime geben Tendenzen für Abhängigkeiten zu dem betrachteten oder einem damit gekoppelten Parameter wieder. Die Vorteile der Präferenzwertberechnung gegenüber den herkömmlichen Korrelationsverfahren liegen zum einen in der Berücksichtigung der Verfügbarkeit eines Konzentrationsregimes, zum anderen in der Möglichkeit, nur wenige Regimes unterscheiden zu müssen.

Ergebnisse und Diskussion

Ein Zusammenhang zwischen der Zahl ausgebildeter Mykorrhizen und dem Gehalt der Nährelemente K, Ca, Mg, P, N, S, Mn und C wurde untersucht. Eine Rangkorrelation dieser Elementgehalte mit der absoluten Mykorrhizahäufigkeit ergab für die Elemente K und Mg keinen erkennbaren Zusammenhang mit der Mykorrhizierung. Im Untersuchungsgebiet Hubertusstock war mit steigendem Gehalt der Elemente Mn, C, Ca, P, N und S eine statistisch höchst signifikant steigende Mykorrhizierung zu beobachten. Auf der stärker eutrophierten Fläche Bayerswald war dieser Zusammenhang nicht zu belegen. Letztlich sind im Parameter der absoluten Mykorrhizahäufigkeit aber die unterschiedlichen Ansprüche und Möglichkeiten der einzelnen Arten subsummiert. Um differenziertere Aussagen zu erlangen, muß daher die Abundanz der einzelnen Mykorrhizaformen getrennt betrachtet werden. Tatsächlich erbrachte die Korrelation der Elementkonzentrationen der Feinstwurzeln mit der Abundanz einzelner Mykorrhizaformen unterschiedliche Ergebnisse (Tab. 1). Statistisch abgesicherte Zusammenhänge sind dabei in Hubertusstock deutlich häufiger nachweisbar als in Bayerswald.

Tab. 1. Elemente, mit denen die Rangkorrelationen der Abundanz der Mykorrhizaformen und dem Elementgehalt der Feinstwurzeln signifikante Ergebnisse erbrachten; + = positive Korrelation; – = negative Korrelation.

	Hubertusstock		Bayerswald	
	Auflage	Mineralboden	Auflage	Mineralboden
Pinirhiza compacta	+P, –Ca	+P, –Ca	+C, +C/S	
Pinirhiza echinata	–C/N	–C/N	+Ca, +Mg	
Pinirhiza hyphocystidia	–K, +Mg	–K, +Mg		
Pinirhiza niger	–C/N, –C/S	–C/N, –C/S		–C/S
Pinirhiza rufomaculata	–K, +Mg, +S	–K, +Ca, +S		
Pinirhiza spinosa			+K, +Mn, +P	
Pinirhiza sulphurea				–K
Russula ochroleuca	+K, –Mg	+K, –Mg		

Es ist davon auszugehen, daß jede Mykorrhizaform und ihr Phytobiont bestimmte Ausprägungen eines Habitatparameters bevorzugen. Für sieben häufiger auftretende Mykorrhizaformen (*Russula ochroleuca, Lactarius rufus, Cenococcum geophilum, Xerocomus badius, Pinirhiza rufomaculata, P. compacta* und *P. spinosa*) wurde deren Abundanz unter bestimmten Mikrohabitatbedingungen betrachtet (Abb. 1). Die sieben Mykorrhizaformen hatten ein deutlich unterschiedliches Verhalten. Einen besonders ausgeprägten Zusammenhang zwischen den Elementgehalten der Feinstwurzeln und der Abundanz zeigten *Russula ochroleuca* und *P. spinosa*. *R. ochroleuca* war überproportional häufig nachweisbar, wenn die Werte für Ca, P, C, N und S in den Feinstwurzeln sehr niedrig waren. Ein gegenläufiges Bild ist für *P. spinosa* erkennbar. Dieser Pilz bildete umso häufiger Mykorrhizen mit Wurzeln, je höher deren Konzentrationen an Ca, Mn, N und S wurde. Unabhängig war die Abundanz beider Mykorrhizaformen gegenüber den Kalium- und Magnesiumgehalten. Bei niedrigen K-Konzentrationen war *P. rufomaculata* überproportional häufig.

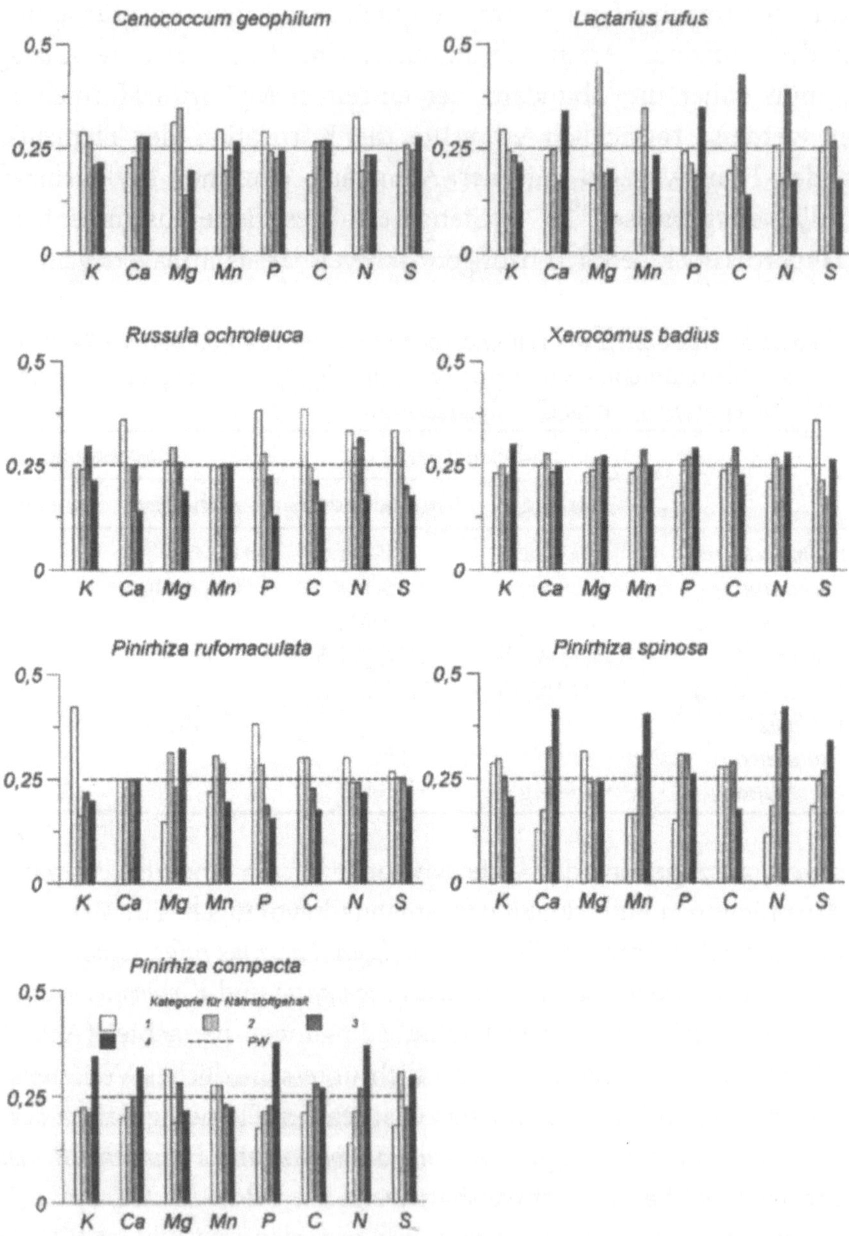

Abb. 1. Verteilung der sieben häufigsten Mykorrhizatypen auf Feinstwurzeln unterschiedlicher Nährelementgehalte (n = 21160 Mykorrhizen), *PW* = Präferenzwert. Zur Einteilung der Nährstoffgehalte in Kategorie 1, 2, 3 und 4 vgl. Tab. 2.

Tab. 2. Einteilung der Nährelementgehalte [mg/g] der Kiefernfeinstwurzeln in vier Kategorien.

Nährelement	Kategorie			
	1	2	3	4
Kalium	<1,31	1,31...1,65	1,66...1,74	>1,74
Calcium	<10,3	10,3...12,2	12,3...14,6	>14,6
Magnesium	<1,50	1,50...1,87	1,88...2,00	>2,00
Mangan	<0,05	0,05...0,10	0,11...0,16	>0,16
Phosphor	<0,87	0,87...0,93	0,94...1,03	>1,03
Kohlenstoff	<35,8	35,8...40,6	40,7...45,2	>45,2
Stickstoff	<1,1	1,1...1,3	1,4...1,5	>1,5
Schwefel	<0,13	0,13...0,15	0,16...0,17	>0,17

Deren Abundanzverteilung war ansonsten mit der von *R. ochroleuca* vergleichbar, nur war sie nicht so deutlich ausgeprägt. Demgegenüber ähnelt die Verteilung von *P. compacta* eher der von *P. spinosa*. Überproportional hoch war deren Abundanz bei höheren K-, Ca-, P- und C-Konzentrationen.

Dagegen war die Abundanz der Mykorrhizen von *X. badius* unabhängig von den Elementkonzentrationen in den Feinstwurzeln. Sie verhält sich somit gegenüber diesen Wurzelparametern indifferent.

Die Abundanz der Mykorrhizen von *C. geophilum* war sich ähnlich indifferent zu den verschiedenen Habitatparametern wie bei *X. badius*, aber tendenziell höher bei Feinstwurzeln geringer Mg-Gehalte.

Die Abundanzverteilung von *L. rufus*-Mykorrhizen ist schwer interpretierbar, da bei Wurzeln mittlerer Mg-, P- und C-Konzentrationen überproportional viele Mykorrhizen gebildet wurden. Ob dies ein Hinweis darauf ist, daß diese Wurzeln mit mittleren Elementkonzentrationen für den Pilz ein Optimum darstellen, ist in Folge der geringen Zahl differenzierter Parameterkategorien nicht zu beurteilen.

Natürlicherweise sind Ektomykorrhizazönosen an nährstoffarme Bedingungen evolviert (WALLENDA und KOTTKE 1998). Bei beiden Untersuchungsgebieten handelt es sich um eutrophe Kiefernforste. Stenöke Mykorrhizapilze mit sehr speziellen Habitatansprüchen konnten somit nicht erwartet werden. Dadurch wird verständlich, daß die meisten Mykorrhizaformen mit Ausnahme der euryöken Arten überproportional häufig an Feinstwurzeln geringen P- und N-Gehalts waren. Dies war besonders deutlich bei *R. ochroleuca*-Mykorrhizen ausgeprägt. Auffällig sind die geringen Unterschiede der bereits als relativ euryök bekannten Mykorrhizaformen *L. rufus*, *X. badius* und *C. geophilum*, die sich somit in ihrer Microhabitatnutzung sehr ähnlich sind. Damit zeigen Mykorrhizaformen aus morphologisch-anatomisch recht unterschiedlich funktionalen Gruppen eine vergleichbare Habitatbindung. Eine weiterführende Darstellung der Ergebisse ist WÖLLECKE (2001) zu entnehmen.

Danksagung

Die Arbeiten wurden vom BMBF (Förderkennzeichen 0339670) finanziell gefördert.

Literaturverzeichnis

AG BODEN [der Geologischen Landesämter und der Bundesanstalt für Geowissenschaften und Rohstoffe], 1994: *Bodenkundliche Kartieranleitung* (KA4), 4. Auflage, Stuttgart: E. Schweitzerbart'sche Verlagsbuchhandlung.

AGERER, R., 1991: Characterization of ectomycorrhiza. *Methods in Microbiology* 23, 25-73.

HÜTTL, R. F.; SCHNEIDER, B.-U.; MÜNZENBERGER, B.; FISCHER, T.; STEINER, A.; WÖLLECKE, J., 1999: Untersuchungen zu Stofffluß und -akkumulation, Um- und Abbau von Wurzel- und Nadelstreu sowie zur Diversität von Mykorrhizaformen in der Rhizosphäre unterschiedlich N-belasteter Kiefernforst-Ökosysteme. Schlußbericht im Rahmen des BMBF-Verbundvorhabens „Waldökosystemforschung Eberswalde".

KLEIN, A., 1994: Sukzession und Ausbreitung von Spinnengesellschaften (*Araneae*) auf Sandtrockenstandorten. Diplomarbeit Zool. Inst. TU Braunschweig.

WALLENDA, T.; KOTTKE, I., 1998: Nitrogen deposition and ectomycorrhizas. *New Phytologist* 139, 169-187.

WÖLLECKE, J., 2001: Charakterisierung der Mykorrhizazönosen zweier Kiefernforste unterschiedlicher Trophie. *Cottbuser Schriften zu Bodenschutz und Rekultivierung* 17.

3

Rhizosphärenprozesse und ihre Beeinflußbarkeit

Durchwurzelung, Rhizodeposition und Pflanzenverfügbarkeit von Nährstoffen und Schwermetallen
12. Borkheider Seminar zur Ökophysiologie des Wurzelraumes
Hrsg.: W. Merbach, B. W. Hütsch, L. Wittenmayer, J. Augustin
B. G. Teubner – Stuttgart · Leipzig · Wiesbaden (2002), S. 45–51

Bestimmung des Fe^{2+}-Gehaltes in den Blättern von Reispflanzen (*Oryza sativa* L.) unter Verwendung der Chelatoren EDTA und BPDS

Lázaro MONTÁS-RAMÍREZ[*], Norbert CLAASSEN[*] und Atef Moawad MOAWAD[‡]

[*])Institut für Agrikulturchemie, Georg-August-Universität Göttingen, Von-Siebold-Straße 6, D-37075 Göttingen; [‡])Institut für Pflanzenbau und Tierproduktion in den Tropen und Subtropen, Georg-August-Universität Göttingen, Grisebachstraße 6, D-37075 Göttingen

Abstract

The objective of this work was to determine the Fe^{2+} content in the leaves of rice plants using the chelators EDTA and BPDS. When a solution of EDTA and BPDS is added to a plant sample, EDTA should selectively chelate Fe^{3+} and BPDS should selectively chelate Fe^{2+}. Thus, the combination of these chelators should stabilize the oxidation states of Fe. We extracted Fe^{2+} using BPDS, BPDS + Fe^{3+}, simultaneous addition of EDTA and BPDS, EDTA and BPDS + Fe^{3+}. The results indicated that EDTA and BPDS had no stabilizing effect on the oxidation states of Fe in rice plant leaves. Thus, the determination of Fe^{2+} in rice plant leaves, using these chelators, is questionable.

Einleitung

Der Gesamt-Fe-Gehalt ist ein ungeeigneter Parameter, um den Fe-Ernährungszustand von Reispflanzen und auch anderen Kulturpflanzen zu ermitteln, weil das gesamte Fe selten mit der durch Fe-Mangel verursachten Chlorose korreliert (OSERKOWSKY 1933, KÖSEOĞLU und AÇIKGÖZ 1995, ZOHLEN und TYLER 1997). Von vielen Autoren wird eher das Fe^{2+} als die physiologisch aktive Form des Fe angesehen (CLARKSON und HANSON 1980, DEKOCK 1981, OLSEN et al. 1982). Aus diesem Grunde spielt die Fe^{2+}-Bestimmung in den Blättern seit langem eine wichtige Rolle.

Die Fe^{2+}-Bestimmung ist aber problematisch, obwohl sich viele Autoren mit diesem Thema in den vergangenen Dekaden beschäftigt haben (FORTUNE und MELLON 1938, HARVEY et al. 1955, LEE und STUMM 1960, MIZUNO 1972, PHILIPS und LOVELY 1987, HUDSON *et al.* 1992). In diesen Arbeiten wurden die Oxidationszustände des Fe nicht stabilisiert. Eine Unter- oder Überschätzung des Fe^{2+} ist daher nicht auszuschließen. WANG und PEVERLY (1998) entwickelten eine Methode zur Fe^{2+}-Bestimmung, mit der die Oxidationszustände des Fe stabilisiert werden sollten. Diese Methode besteht aus der Kombination von zwei Chelatoren, wobei BPDS das Fe^{2+} und EDTA das Fe^{3+} einer Pflanzen-, Wasser- oder Bodenprobe binden sollen. Die vorliegende Arbeit hatte zum Ziel, den Fe^{2+}-Gehalt in den Blättern von Reispflanzen unter Verwendung der Chelatoren BPDS und EDTA zu bestimmen.

Material und Methoden

Pflanzenanzucht

Reispflanzen der Sorten ‚JUMA-57' und ‚ISA-40' wurden in Schalen, die mit Boden gefüllt waren, vorgekeimt und nach 14 Tagen in mit Nährlösung gefüllte PVC-Töpfe (3,0 l) gepflanzt. Die Standardnährlösung wurde alle drei Tage gewechselt und hatte die folgende Zusammensetzung (mmol/l): NH_4NO_3: 0,5, $CaNO_3 \cdot 4\,H_2O$: 2, $CaCl_2 \cdot 2\,H_2O$: 2, $MgCl_2 \cdot 6\,H_2O$: 0,5, $NaH_2PO_4 \cdot 2\,H_2O$: 0,5, K_2SO_4: 2, $MgSO_4 \cdot 7\,H_2O$: 0,3 und (µmol/l) $MnSO_4 \cdot H_2O$: 11, $CuSO_4 \cdot 5\,H_2O$: 1,4, H_3BO_3: 10, $ZnSO_4 \cdot 7\,H_2O$: 1,4, $Na_2MoO_4 \cdot 2\,H_2O$: 0,3, $FeSO_4$: 11. Die Versuche umfaßten folgende Fe^{2+}-Stufen: 0,61, 10, 60 und 150 mg/l. Das Fe wurde als Fe^{2+}-SO_4 zugegeben und durch eine pH-Einstellung auf 3,5 wurde eine rasche Fe^{2+}-Oxidation verhindert. Die Versuche wurden in Klimakammern unter kontrollierten Bedingungen (Tag/Nacht: 14/10 h, 26/21 °C, 60/80 % relative Luftfeuchtigkeit) durchgeführt.

Bestimmung des Fe^{2+}-Gehaltes in den Blättern

Es wurden Pflanzenanalysen zur Fe^{2+}-Bestimmung im Blatt durchgeführt. Dazu wurden Pflanzen im Alter von etwa zwei Monaten verwendet. Hierbei wurde geprüft, ob die Chelatoren BPDS (Bathophenanthrolin-disulfonsäure, Dinatriumsalz) und EDTA (Ethylendinitrilotetraessigsäure, Dinatriumsalz) in der Lage sind, die Fe^{2+}-Bestimmung zu ermöglichen. Um diese Frage zu beantworten, wurde das frische Pflanzenmaterial mit BPDS, BPDS+Fe^{3+}, der Kombination EDTA-BPDS und EDTA-BPDS+Fe^{3+} behandelt. Der Vergleich zwischen BPDS und der simultanen Verwendung von BPDS und EDTA sollte als Index dienen, um herauszufinden, ob die Kombination von BPDS und EDTA die Oxidationszustände des Fe stabilisieren konnte. Die Fe^{3+}-Zugabe wurde als Kontrolle verwendet. Wenn zwei möglichst homogene Pflanzenproben mit EDTA-BPDS und EDTA-BPDS+Fe^{3+} behandelt werden, sollte der bestimmte Fe^{2+}-Gehalt in den beiden Proben ähnlich sein, falls das zugegebene Fe^{3+} nicht reduziert wurde.

Es wurden vier Blattanalysen durchgeführt mit zwei unterschiedlichen Blatteinwaagen, zwei Volumina und zwei pH-Werten der zugefügten Chelatorenlösung zu den Blattproben sowie drei Extraktionszeiten (Tab. 1), um zu prüfen, ob diese Variationen das Verhalten der Chelatoren BPDS und EDTA beeinflussen können.

Tab. 1. Blatteinwaage, Volumina und pH-Wert der Chelatoren BPDS oder EDTA-BPDS und Extraktionszeit der Analysen.

Analyse	Blattfrischmasse [g]	BPDS oder EDTA-BPDS-Volumina [ml]	pH-Wert	Extraktionszeit [h]
1	1,95...2,01	20	5,8*	16
2	0,99...1,07	10	5,8	48
3	0,97...1,07	20	5,8	48
4	0,97...1,02	10	3,0	24

*): Empfohlener pH-Wert zur Fe^{2+}-Extraktion mit BPDS und EDTA (WANG und PEVERLY 1998).

Für alle Analysen wurden die Proben wie folgt vorbereitet: Das frische Blattmaterial wurde in 1...2 mm große Stücke mit einer rostfreien Schere geschnitten und in eine 100 ml Glasflasche hineingegeben. Dazu wurde das entsprechende Volumen (Tab. 1) einer 1 mM BPDS- oder EDTA-BPDS-Lösung zugegeben. Zu den Extraktionen mit Fe^{3+} wurde 0,07 mM Fe^{3+}-Chlorid zugefügt. Dann wurde das Pflanzenmaterial vorsichtig mit der BPDS- oder EDTA-BPDS-Lösung gemischt, die Flasche verschlossen und während der entsprechenden Zeit (Tab. 1) bei Raumtemperatur gelagert. Nach Filtration wurde die Farbintensität der Lösung, die den Fe^{2+}-Gehalt angibt, mit einem Photometer bei einer Wellenlänge von 535 nm gemessen. Die Extinktionen wurden mit einer Eichkurve verglichen.

Ergebnisse und Diskussion

Tab. 2 zeigt die Ergebnisse der Analyse *1*. Die Extraktionen mit BPDS und EDTA-BPDS unterschieden sich nicht signifikant. Die Extraktionen mit BPDS+Fe^{3+} und EDTA-BPDS+Fe^{3+} zeigten aber einen signifikant höheren Fe^{2+}-Gehalt (P $< 0,001$) als die mit BPDS und EDTA-BPDS allein. Daraus läßt sich ableiten, daß die Kombination von BPDS und EDTA nicht in der Lage war, die Reduktion des zugegebenen Fe^{3+} zu verhindern. Dies bedeutet, daß die Oxidationszustände des Fe nicht stabilisiert werden konnten.

Die Analyse *2* (Tab. 3) zeigte ähnliche Ergebnisse wie Analyse *1*. Die Extraktionen BPDS und EDTA-BPDS unterschieden sich nicht signifikant. Die Extraktionen mit Fe^{3+} zeigten einen signifikant höheren Fe^{2+}-Gehalt (P < 0,01) als die ohne Fe^{3+}. Auch eine längere Extraktionszeit führte zu keiner Stabilisierung der Fe-Oxidationszustände.

Tab. 2. Bestimmung des Fe^{2+} im Blatt zweier Reissorten durch die Chelatoren BPDS und EDTA nach unterschiedlichen Fe^{2+}-Behandlungen und Extraktionen. Extraktionen bei *p*H-Wert 5,8; Einwaage Blattfrischmasse 1,95...2,01 g; Extraktionsvolumina 20 ml; Zeit 16 Stunden.

Sorten	Fe^{2+}-Gehalt der Nährlösung	BPDS	BPDS +0,07 mM Fe^{3+}	EDTA-BPDS	EDTA-BPDS +0,07 mM Fe^{3+}
	mg/l	mg Fe^{2+} je kg Frischmasse*			
,JUMA-57'	0,61	5,93 a	29,40 b	4,99 a	20,10 c
	150	11,20 a	35,70 b	13,06 a	31,73 c
,ISA-40'	0,61	5,94 a	32,04 b	7,20 a	19,16 c
	150	16,82 a	40,26 b	26,09 a	30,88 c

*): Mit unterschiedlichen Buchstaben gekennzeichnete Mittelwerte in einer Zeile unterscheiden sich signifikant nach Tukey Test (P < 0,001).

Tab. 3. Bestimmung des Fe^{2+} im Blatt durch die Chelatoren BPDS und EDTA nach unterschiedlichen Fe^{2+}-Behandlungen und Extraktionen, Sorte ,ISA-40'. Extraktionen bei *p*H-Wert 5,8; Einwaage Blattfrischmasse 0,99...1,07 g; Extraktionsvolumina 10 ml; Zeit 48 Stunden.

Fe^{2+}-Gehalt der Nährlösung	BPDS	BPDS +0,07 mM Fe^{3+}	EDTA-BPDS	EDTA-BPDS +0,07 mM Fe^{3+}
mg/l	mg Fe^{2+} je kg Frischmasse*			
0,61	2,76 a	18,13 b	2,50 a	10,54 c
150	5,93 a	18,56 b	6,47 a	14,86 c

*): Mit unterschiedlichen Buchstaben gekennzeichnete Mittelwerte in einer Zeile unterscheiden sich signifikant nach Tukey Test (P < 0,01).

Auch ein weiteres Verhältnis zwischen Extraktionslösung und Einwaage der Blattfrischmasse (Analyse 3) führte zu keinen anderen Ergebnissen als die Analysen

1 und *2* (Tab. 4). Die Extraktionen BPDS und EDTA-BPDS unterschieden sich nicht signifikant, aber die Extraktionen mit Fe^{3+} und ohne Fe^{3+} unterschieden sich signifikant.

Tab. 4. Bestimmung des Fe^{2+} im Blatt durch die Chelatoren BPDS und EDTA nach unterschiedlichen Fe^{2+}-Behandlungen und Extraktionen, Sorte ‚ISA-40‘. Extraktionen bei pH-Wert 5,8; Einwaage Blattfrischmasse 0,97...1,07 g; Extraktionsvolumina 20 ml; Zeit 48 Stunden.

Fe^{2+}-Gehalt der Nährlösung	BPDS	BPDS +0,07 mM Fe^{3+}	EDTA-BPDS	EDTA-BPDS +0,07 mM Fe^{3+}
mg/l	mg Fe^{2+} je kg Frischmasse*			
0,61	8,75 a	28,23 b	5,09 a	17,32 c
150	19,20 a	32,29 b	23,28 a	44,62 c

*): Mit unterschiedlichen Buchstaben gekennzeichnete Mittelwerte in einer Zeile unterscheiden sich signifikant nach Tukey Test (P < 0,05).

In der vierten Analyse (Tab. 5) wurden nur zwei Extraktionen durchgeführt und hierbei der pH-Wert auf 3,0 gesenkt. Außerdem wurde eine Kontrolle (Extraktion ohne Pflanzenmaterial) mit einbezogen. Die Ergebnisse der Pflanzenanalyse zeigten diesmal zwar keinen signifikanten Unterschied zwischen den Extraktionen, aber dennoch lagen die Fe^{2+}-Gehalte deutlich höher, wenn die Extraktionslösung mit Fe^{3+} angereichert war.

Tab. 5. Bestimmung des Fe^{2+} im Blatt durch die Chelatoren BPDS und EDTA nach unterschiedlichen Fe^{2+}-Behandlungen und Extraktionen, Sorte ‚JUMA-57‘. Extraktionen bei pH-Wert 3,0; Einwaage Blattfrischmasse 0,97...1,02 g; Extraktionsvolumina 10 ml; Zeit 24 Stunden.

Fe^{2+}-Gehalt der Nährlösung	EDTA-BPDS	EDTA-BPDS +0,07 mM Fe^{3+}
mg/l	mg Fe^{2+} je kg Frischmasse	
10	7,99 ns	19,22 ns
60	15,70 ns	24,00 ns
Kontrolle*	0,00	0,00

*): Extraktion ohne Pflanzenmaterial; ns = nicht signifikant.

Dieses Ergebnis stimmt mit den Ergebnissen der Analysen *1, 2* und *3* überein. In der Kontrolle konnte allerdings die Kombination von BPDS und EDTA die Fe^{3+}-Reduktion vermeiden. Daraus kann man schließen, daß die Kombination der Chelatoren EDTA und BPDS nur bei Anwesenheit von Pflanzenmaterial nicht in der Lage war, die Fe^{3+}-Reduktion in den Proben zu verhindern. Wir vermuten daher, daß im Pflanzenmaterial reduktive Substanzen existieren, die das Fe^{3+} während der Extraktion reduzieren können. ABADÍA *et al.* (1984) und MEHROTRA und GUPTA (1990) berichteten ebenfalls über diese reduktiven Substanzen. Infolgedessen könnte die EDTA-BPDS-Methode zur Fe^{2+}-Bestimmung in Gewässern und Boden verwendet werden, aber ihre Verwendung zur Fe^{2+}-Bestimmung im frischen Pflanzenmaterial ist jedoch fraglich.

Danksagung

Die Untersuchungen wurden durch die Deutsche Forschungsgemeinschaft (Projekt-Nr. Cl 89/8-1) gefördert.

Literaturverzeichnis

ABADÍA, J.; MONGE, E.; MONTAÑÉS, L.; HERAS, L., 1984: Extraction of iron from plant leaves by Fe(II) chelators. *Journal of Plant Nutrition* 7, 777–784.

CLARKSON, D. T.; HANSON, J. B., 1980: The mineral nutrition in higher plants. *Annual Review of Plant Physiology* 31, 239–298.

DEKOCK, P. C., 1981: Iron nutrition under conditions of stress. *Journal of Plant Nutrition* 3, 513–521.

FORTUNE, W. B.; MELLON, M. G., 1938: Determination of iron with o-phenanthroline. *Industrial and Engineering Chemistry, Analytical Editon* 10, 60–64.

HARVEY, A. E.; SMART, J. A., JR.; AMIS, E. S., 1955: Simultaneous spectrophotometric determination of iron (II) and total iron with 1,10-phenathroline. *Analytical Chemistry* 27, 26–29.

HUDSON, R. J. M.; COVAULT, D. T.; MOREL, F. M. M., 1992: Investigation of iron coordination and redox reactions in seawater using ^{59}Fe radiometry and ion pair solvent extraction of amphiphilic iron complexes. *Marine Chemistry* 38, 209–235.

KÖSEOĞLU, A. T.; AÇIKGÖZ, V., 1995: Determination of iron chlorosis with extractable iron analysis in peach leaves. *Journal of Plant Nutrition* 18, 153–161.

LEE, G. F.; STUMM, W., 1960: Determination of ferrous iron in the presence of ferric iron with bathophenanthroline. *Journal American Water Works Association* 52, 1567–1574.

MEHROTRA, S. C.; GUPTA, P., 1990: Reduction of iron by leaf extracts and its significance for the assay of Fe(II) iron in plants. *Plant Physiology* 93, 1017-1020.

MIZUNO, T., 1972: Determination of traces of iron(II) in presence of iron(III) by bathophenanthroline method. *Talanta* 19, 369-372.

OLSEN, R. A.; BENNETT, J. H.; BLUM, D., 1982: Reduction of Fe^{3+} as it relates to Fe chlorosis. *Journal of Plant Nutrition* 5, 433-445.

OSERKOWSKY, J., 1933: Quantitative relation between chlorophyll and iron in green and chlorotic pear leaves. *Plant Physiology* 8, 449-468.

PHILIPS, E. J.; LOVELY, E. J., 1987: Determination of Fe(III) and Fe(II) in oxalate extracts of sediment. *Soil Science Society of America Journal* 51, 938-941.

WANG, T.; PEVERLY, J. H., 1998: Screening a selective chelator pair for simultaneous determination of $iron^{2+}$ and $iron^{3+}$. *Soil Science Society of America Journal* 62, 611-617.

ZOHLEN, A.; TYLER, G., 1997: Differences in iron nutrition strategies of two calcifuges, *Carex pilulifera* L. and *Veronica officinalis* L. *Annals of Botany* (London) 80, 553-559.

Durchwurzelung, Rhizodeposition und Pflanzenverfügbarkeit von Nährstoffen und Schwermetallen
12. Borkheider Seminar zur Ökophysiologie des Wurzelraumes
Hrsg.: W. Merbach, B. W. Hütsch, L. Wittenmayer, J. Augustin
B. G. Teubner – Stuttgart · Leipzig · Wiesbaden (2002), S. 52–60

Role of Phytosiderophores in Zinc Efficiency of Wheat

Bhupinder SINGH[‡], Bülent ERENOĞLU*, Günter NEUMANN*,
Volker RÖMHELD* and Nikolaus VON WIRÉN*

*)Institute of Plant Nutrition (330), University of Hohenheim, D-70593 Stuttgart, Germany; ‡)Nuclear Research Laboratory, Indian Agriculture Research Institute, New Delhi, India

Abstract

It is still an open question whether the zinc deficiency-induced release of phytosiderophores (PS, phytometallophores) significantly contributes to zinc nutrition of graminaceous plant species. The present studies were attempted to compare the production and release of phytosiderophores by roots of aestivum and durum wheat under Fe and Zn deficiency, since durum wheat showed lower Zn efficiency in field studies relative to aestivum wheat. It was found that phytosiderophore release by roots is induced under Zn deficiency and that durum wheat released significantly lower amounts of PS than aestivum wheat under Zn stress while under Fe stress the difference in release of PS for the two wheat types was much smaller. The amount of PS released by roots under Fe or Zn stress was related to its contents in the roots before the onset of PS release, which starts 2 h after the onset of light and continues for the next 4 h. Both aestivum and durum wheat follow similar diurnal rhythm for PS release and its level in roots. These results suggest that the capacity for PS production and release is a limiting factor for Zn efficiency in graminaceous species.

Introduction

Zinc deficiency is one of the most widespread nutritional constraint in plants, particularly in calcareous soils of arid and semi-arid regions. More than 30 % of the agricultural soils of the world are reported to be zinc deficient. Regarding cereals in particular, wheat suffers from Zn deficiency in large areas around the globe as in Turkey, Australia, China, India. Grain yield reductions, up to 80 %, coupled with reduced grain Zn concentrations have been observed under zinc deficiency (ÇAKMAK *et al.* 1998). This has serious implication for human health in countries where cereal-based food dominates in diet (WELCH 2001). The correction of soil Zn deficiency through addition of Zn fertilisers is neither economical nor environmentally friendly as only 20 % of the applied Zn is available for plant uptake while the remainder gets adsorbed on soil minerals and is therefore rendered immobile. Selection and/or breeding of plant genotypes with higher resistance to Zn deficiency and with higher grain Zn content is a sustainable approach to overcome Zn deficiency in plants (GRAHAM *et al.* 1992). Realisation of this approach is plausible in view of the large genotypic differences in Zn efficiency between cereal species and also between genotypes of a species (ÇAKMAK *et al.* 1998). Variation in sensitivity of cereal species to Zn deficiency has often been related to differences in Zn acquisition (Tab. 1). In recent years, considerable progress has been made towards identification of adaptive mechanisms which enable plant species an efficient uptake of nutrients from soils low in nutritional quality.

Table 1. Effect of Zn supply on the amount of Zn in shoots of different cereals grown for six weeks in a Zn deficient soil (adapted from ÇAKMAK *et al.* 1998).

Cereals	Amount of zinc [µg/shoot]		Leaf symptoms of Zn deficiency (necrotic patches on leaf blades)
	-Zn	+Zn	
Secale cereale	6.7	40	very slight or absent
Hordeum vulgare	5.7	69	mild
Triticum aestivum	2.9	36	mild
Triticum durum	1.8	39	very severe
Avena sativa	1.3	42	very severe

Differences in root morphology, mycorrhizal infection, translocation and compartmentation of Zn cannot explain genotypic or species differences for Zn efficiency among cereals (DONG *et al.* 1995). An adaptive mechanism that has been found in graminaceous species under Fe deficiency is the release of phytosiderophores (PS, phytometallophores), which are highly effective in mobilising, by chelation, sparingly soluble inorganic Fe compounds such as Fe III hydroxides and oxides. The PS-Fe III complex is actively transported across the plasma membrane without Fe (III) reduction. The Fe efficiency has been directly correlated with the rate of release of PS by roots into the rhizosphere (RÖMHELD and MARSCHNER 1990). The same type of phytosiderophores are believed to be released with similar diurnal rhythm under Zn deficiency (ZHANG *et al.* 1989, ÇAKMAK *et al.* 1994). As phytosiderophores have been shown to complex and mobilise not only Fe but also Zn, enhanced production and release of Zn-mobilising phytosiderophore under Zn deficiency could be a mechanism relevant to Zn efficiency of plants (HOPKINS *et al.* 1998, ERENOĞLU *et al.* 2000). However, Zn-PS are also transported by the same transport system as Fe-PS (VON WIRÉN *et al.* 1996). There have, however, been contrasting reports on the release and significance of phytosiderophores in affecting the Zn nutrition of cereals. PEDLER *et al.* (2000) did not observe any Zn deficiency induced PS release in different cereal species. They argue that all earlier reports on Zn deficiency induced PS release can be explained on the basis of Zn deficiency induced physiological deficiency of Fe. It is, therefore, still unclear whether the PS are released under zinc deficiency and what is their significance for Zn nutrition in graminaceous plant species. It was the aim of the present study to investigate (a) whether or not PS are released under Zn deficiency, (b) whether there is a reason for difference in release of PS among crop species differing in Zn efficiency, and (c) whether the release and synthesis of PS under Fe and Zn deficiency are differently regulated.

Materials and Methods

The investigations were carried out on wheat species viz., *Triticum aestivum* L. (bread wheat) and *Triticum durum* L. (durum wheat) as they have been observed to vary in their Zn efficiency, ascertained in terms of biomass production when grown on Zn deficient soils.

Bread wheats are classified as Zn-efficient while durum wheats are Zn ineffi-cient. The two species also vary in their PS release capacity under Fe and Zn deficiency (ÇAKMAK *et al.* 1994, 1996) (Tab. 2). Bread wheat cultivar 'Bez-ostaja-1' and durum wheat cultivar 'Kunduru-1149' were used for the experiments conducted under growth chamber conditions. Plants were raised in nutrient solution under controlled climatic conditions (light/dark regimes of 16/8 h, temperature 24/20 °C and a photosynthetic photon flux density of $350\ \mu mol/(m^2 \cdot s)$ at plant height). After germination in quartz sand saturated with $CaSO_4$ solution, seedlings were transferred to 2.5-l plastic vessels containing the following continuously aerated nutrient solution: 0.88 mM K_2SO_4, 2.0 mM $Ca(NO_3)_2$, 0.25 mM KH_2PO_4, 1.0 mM $MgSO_4$, 0.1 mM KCl, 1 μM H_3BO_3, 0.5 μM

Table 2. Relative release of phytosiderophores from roots of bread (*T. aestivum*) and durum (*T. durum*) wheat in nutrient solution under Fe and Zn deficiency.

Wheat species	Deficiency	
	Fe	Zn
Triticum aestivum	high	moderate
Triticum durum	high	low

$MnSO_4$, 0.2 µM $CuSO_4$ and 0.02 µM $(NH_4)_6Mo_7O_{24}$. Fe and Zn were supplied as Fe-EDTA and $ZnSO_4$ at concentrations of 1 µM and 0 µM for Fe and Zn deficient plants and at 100 µM and 1 µM for Fe and Zn sufficient control plants respectively.

Shoot and root dry matter production and their Fe and Zn content were recorded (ÇAKMAK *et al.* 1994). CO_2 exchange rates (Pn) were measured using IRGA (*LICOR-6100*). Leaf chlorophyll content was measured, as relative SPAD index, using chlorophyll meter. Root exudates were collected 2 h after the onset of light period for a duration of 4 h for determination of phytosiderophores. Shoot and root PS content, before and after the release period, were also determined. PS were qualitatively and quantitatively analysed using HPLC (Waters Ltd.) on an anion exchange column (NEUMANN *et al.* 1999). All observations were recorded at 8 (stage one, *S-I*), 11 (*S-II*), and 14 (*S-III*) days after transfer into nutrient solution.

Results and Discussion

Under both Fe and Zn deficiency shoot fresh weight was considerably reduced in both wheat types (Tab. 3). However, between durum and aestivum shoot weight did not vary significantly for the different nutrient stress treatments. Root fresh weight, in general, was higher under Zn deficiency compared to Fe or Fe:Zn deficiency. Between the genotypes, the root weight was higher for durum than aestivum wheat under Zn deficiency. Higher root to shoot ratio of 'Kunduru-1149' may be an adaptive response towards Zn deficiency. 'Kunduru-1149' also showed early and more severe visual symptoms of Zn deficiency (whitish and necrotic patches on the leaves). In general, roots accumulated more Fe than shoots, but under Fe stress the translocation of Fe from roots to shoots, ascertained in terms of its distribution, was considerably higher for both genotypes compared to other nutrient stresses. Under Zn deficiency the shoot and root Fe concentration of durum ('Kunduru-1149') were lower than aestivum ('Bezostaja-1'). However the two wheat types did not differ in the Fe content of Fe and Zn-sufficient control plants (data not shown). Zn concentrations in roots and shoots followed a pattern similar to that observed for Fe, with higher Zn concentrations recorded in roots than in shoots. Between the genotypes Zn translocation from roots to shoots in Fe deficient plants was higher for durum ('Kunduru-1149') than aestivum ('Bezostaja-1') wheat. Both wheat types did not differ in Zn concentrations in shoots and roots when grown under Zn deficiency. Chlorophyll content (SPAD index) was significantly lower for Fe and Fe:Zn deficient plants compared to Zn stress. Both wheat species under Zn stress showed high chlorophyll contents that were similar to nutrient sufficient control plants. Total sugar content did not vary significantly between the two genotypes and the nutrient stress treatments. CO_2 exchange rates (Pn), in general, were lower under nutrient stress compared to nutrient sufficient control plants. Under Zn deficiency, durum wheat showed lower photosynthetic activity compared to aestivum species. These trends are in conformity with observations of FISCHER *et al.* (1997) who showed that the Zn-efficient wheat genotypes possess higher net CO_2 exchange rates (Pn) especially under low Zn supply. Low CO_2 exchange rates in Zn inefficient cereal species were explained by an inhibition of carbonic anhydrase rather than of Rubisco (RENGEL 1995).

Table 3. Growth attributes of aestivum ('Bezostaja-1') and durum ('Kunduru-1149') wheat under iron and zinc deficiency (*mean of observations recorded at eight, eleven and 14 days after transfer of plants into the respective nutrient solution; ± SE).

		Triticum species	Nutrient treatments			
			-Fe	-Zn	-Fe, -Zn	Control
Fresh weight per plant* [g]	root	*aestivum*	0.21 ± 0.02	0.32 ± 0.05	0.19 ± 0.02	0.33 ± 0.02
		durum	0.23 ± 0.03	0.39 ± 0.05	0.21 ± 0.02	0.32 ± 0.03
	shoot	*aestivum*	0.35 ± 0.02	0.36 ± 0.02	0.27 ± 0.01	0.44 ± 0.02
		durum	0.37 ± 0.03	0.35 ± 0.06	0.33 ± 0.03	0.45 ± 0.04
Fe concentration in root dry matter* [µg/g]	root	*aestivum*	57.6 ± 1.7	640.1 ± 41.7	36.8 ± 1.6	643.7 ± 56.8
		durum	44.7 ± 7.6	354.6 ± 17.1	48.9 ± 1.7	644.0 ± 94.2
	shoot	*aestivum*	32.0 ± 1.9	119.0 ± 8.3	31.2 ± 1.3	81.4 ± 3.4
		durum	30.2 ± 1.3	107.2 ± 2.8	35.8 ± 3.3	81.0 ± 15.4
Zn concentration in dry matter* [µg/g]	root	*aestivum*	380.2 ± 38.4	40.1 ± 18.9	62.3 ± 5.6	99.5 ± 10.1
		durum	246.8 ± 29.1	45.1 ± 13.6	95.0 ± 43.4	167.4 ± 53.4
	shoot	*aestivum*	245.7 ± 11.0	15.7 ± 1.8	30.9 ± 8.7	54.3 ± 1.5
		durum	278.6 ± 13.4	18.3 ± 8.8	40.2 ± 11.6	54.3 ± 11.8
Chlorophyll content (SPAD index)*		*aestivum*	18.2 ± 1.4	33.6 ± 0.9	17.6 ± 1.5	37.4 ± 0.8
		durum	18.3 ± 1.4	32.0 ± 2.8	17.7 ± 0.5	37.2 ± 1.4
Total sugar concentration in root fm[†]* [µg/g]		*aestivum*	286 ± 25	290 ± 19	300 ± 28	263 ± 15
		durum	261 ± 18	313 ± 13	326 ± 11	310 ± 14
Photosynthetic rate[‡] [µmol CO_2/(m^2 · s)]		*aestivum*	15.0 ± 2.6	19.6 ± 1.6	15.0 ± 0.7	25.9 ± 4.1
		durum	14.3 ± 1.3	11.6 ± 3.3	14.4 ± 1.0	25.2 ± 1.1

[†]): fresh matter [‡]): 11 days of growth with Fe and Zn deficient nutrition solution.

The two wheat species exhibited the similar pattern of PS release from roots of Fe and Zn deficient plants (Tab. 2). Deoxy mugeinic acid (DMA) was the major phytosiderophore released by roots of both wheat genotypes, irrespective of the nutrient stress. Shoots, in general, and nutrient sufficient roots did not reveal any PS accumulation and release. These results show that PS release occurs not only under Fe but also under Zn deficiency, and suggest that the release under Zn deficiency was not linked to Zn deficiency induced Fe deficiency as evident from a relatively higher Fe concentration of Zn deficient plants and also from the observation that durum releases low amounts of PS despite a lower Fe demand, as evident from its low Fe level compared to aestivum wheat. Our results are in conformity with ÇAKMAK et al. (1998) who observed that Zn deficiency does not induce Fe deficiency and also that phytosiderophore release gets repressed within 24 h after re-supply of Zn to Zn deficient plants, whereas increase in Fe supply has no effect on phytosiderophore release (ZHANG et al. 1989). Further, higher PS release under Fe compared to Zn deficiency was related to higher PS contents in the roots (data not shown). Regarding the PS release and internal depletion of PS (Fig. 1) showed that at later stages both Zn-efficient and inefficient-species released amounts of PS, that were much lower than their individual internal PS depletion. These observation suggest that the release of PS is not inhibited under Zn deficiency in Zn inefficient wheat species and that a low release of PS under Zn deficiency compared to Fe deficiency might be related to inhibited synthesis of PS in Zn inefficient durum wheat. Further, both aestivum and durum wheat follow a similar pattern of diurnal variation for PS release and its concentration in roots (data not shown). Our studies have also revealed that Zn acquisition of the Zn inefficient genotype increased when it was supplied with larger amounts of PS in its rhizosphere (data not shown). HIGUCHI et al. (1999) and TAKAHASHI et al. (1999) have shown that an increase in activities of nicotianamine synthase (NAS) and nicotianamine aminotransferase (NAAT), two key enzymes of PS biosynthesis, are crucial to enhance production of PS in graminaceous species and hence for Fe deficiency tolerance. HIGUCHI et al. (1999) have over-expressed NAS genes of Fe efficient barley in Fe inefficient rice to achieve improved Fe deficiency tolerance in rice. In light of this, it would be worthwhile to ascertain the amount of these key enzymes in Zn efficient (aestivum) and inefficient (durum) wheat species. It is quite plausible that zinc deficiency tolerance of graminaceous species can also be achieved through molecular manipulation of these key enzymes regulating PS production.

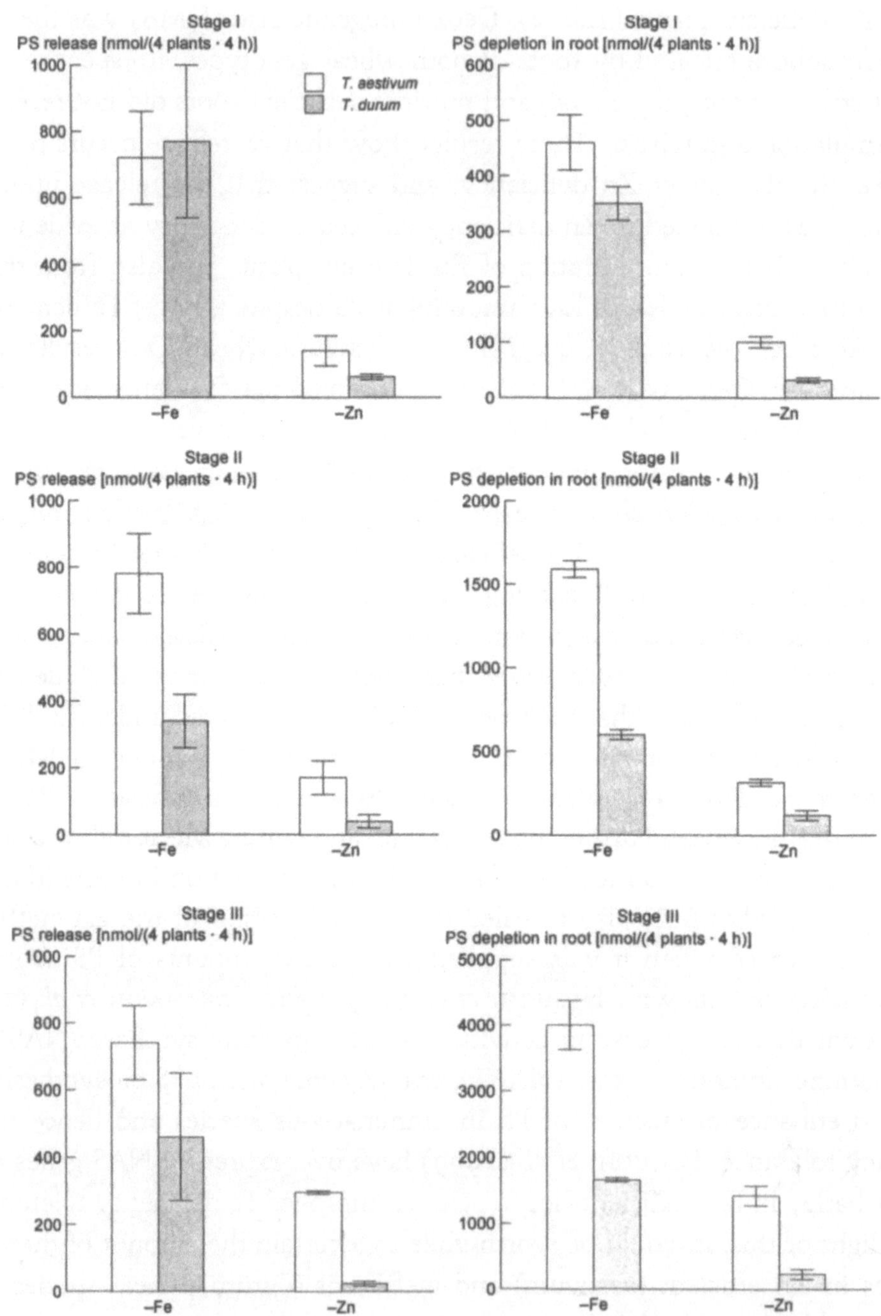

Figure 1. PS release and PS depletion during the release period in roots of *Triticum aestivum* and *Triticum durum* wheat after 8 (stage I), 11 (stage II), and 14 (stage III) days of growth with Fe and Zn deficient nutrition solution.

Acknowledgement

The senior author gratefully acknowledges the BOYSCAST fellowship conferred on him by Department of Science and Technology , Government of India, for post doctoral studies in Germany.

References

ÇAKMAK, I.; GÜLÜT, K. Y.; MARSCHNER, H.; GRAHAM, R. D., 1994: Effect of zinc and iron deficiency on phytosiderophore release in wheat genotypes differing in zinc efficiency. *Journal of Plant Nutrition* 17, 1-17.

ÇAKMAK, I.; SARI, N.; MARSCHNER, H.; EKİZ, H.; KALAYCI, M.; YILMAZ, A.; BRAUN, H. J., 1996: Phytosiderophore release in bread and durum wheat genotypes differing in zinc efficiency. *Plant and Soil* 180, 183-189.

ÇAKMAK, I.; TORUN, B.; ERENOĞLU, B.; ÖZTÜRK, L.; MARSCHNER, H.; KALAYCI, M.; EKİZ, H.; YILMAZ, A., 1998: Morphological and physiological differences in the response of cereals to zinc deficiency. *Euphytica* 100, 349-357.

DONG, B.; RENGEL, Z.; GRAHAM, R. D., 1995: Root morphology of wheat genotypes differing in zinc efficiency. *Journal of Plant Nutrition* 18, 2761-2773.

ERENOĞLU, B.; EKER, S.; ÇAKMAK, I.; DERİCİ, R.; RÖMHELD, V., 2000: Effect of iron and zinc deficiency on release of phytosiderophores by barley cultivars differing in zinc efficiency. *Journal of Plant Nutrition* 23, 1645-1656.

FISCHER, E. S.; THIMM, O.; RENGEL, Z., 1997: Zinc nutrition influences the CO_2 gas exchange in wheat. *Photosynthetica* 33, 505-508.

GRAHAM, R. D.; ASCHER, J. S.; HYNES, S. C., 1992: Selecting zinc efficient cereal genotypes for soil of low zinc status. *Plant and Soil* 146, 241-250.

HIGUCHI, K.; SUZUKI, K.; NAKANISHI, H.; YAMAGUCHI, H.; NISHIZAWA, N. K.; MORI, S., 1999: Cloning of nicotianamine synthase genes, novel genes involved in the biosynthesis of phytosiderophores. *Plant Physiology* 119, 471-479.

HOPKINS, B. G.; WHITNEY, D. A.; LAMOND, R. E.; JOLLEY, V. D., 1998: Phytosiderophore release by sorghum, wheat and corn under zinc deficiency. *Journal of Plant Nutrition* 21, 2623-2637.

NEUMANN, G.; HAAKE, C.; RÖMHELD, V., 1999: Improved HPLC method for determination of phytosiderophores in root washings and tissue extracts. *Journal of Plant Nutrition* 22, 1389-1402.

PEDLER, J. F.; PARKER, D. R.; DAVID, E. C., 2000: Zinc deficiency-induced phytosiderophore release by the triticaceae is not consistently expressed in solution culture. *Planta* 211, 120-126.

RENGEL, Z., 1995: Carbonic anhydrase activity in leaves of wheat genotypes differing in zinc efficiency. *Journal of Plant Physiology* 147, 251-256.

RÖMHELD, V.; MARSCHNER, H., 1990: Genotypical differences among graminaceous species in release of phytosiderophores and uptake of iron phytosiderophores. *Plant and Soil* 123, 147-153.

TAKAHASHI, M.; YAMAGUCHI, H.; NAKANISHI, H.; SHIRORI, T.; NISHIZAWA, N. K.; MORI, S., 1999: Cloning two genes for nicotianamine amino transferase, a critical enzyme in iron acquisition (strategy II) in graminaceous plants. *Plant Physiology* 121, 947-956.

WIRÉN, N. VON; MARSCHNER, H.; RÖMHELD, V., 1996: Roots of iron efficient maize (*Zea mays* L.) take up also phytosiderophore chelated zinc. *Plant Physiology* 111, 1119-1125.

WELCH, R. M., 2001: Impact of mineral nutrients in plants on human nutrition on a worldwide scale. In: W. J. Horst *et al.* (eds.) *Plant Nutrition - Food security and sustainability of agroecosystems.* Dordrecht: Kluwer Academic Publishers, 284-285.

ZHANG, F.; RÖMHELD, V.; MARSCHNER, H., 1989: Effect of zinc deficiency in wheat on the release of zinc and iron mobilising root exudates. *Zeitschrift für Pflanzenernährung und Bodenkunde* 152, 205-210.

Durchwurzelung, Rhizodeposition und Pflanzenverfügbarkeit von Nährstoffen und Schwermetallen
12. Borkheider Seminar zur Ökophysiologie des Wurzelraumes
Hrsg.: W. Merbach, B. W. Hütsch, L. Wittenmayer, J. Augustin
B. G. Teubner – Stuttgart · Leipzig · Wiesbaden (2002), S. 61–74

Einfluß der Bodenart auf die Ausbildung osmotischer Potentialgradienten zwischen Gesamtboden und Rhizosphäre

Doris VETTERLEIN und Reinhold JAHN
Institut für Bodenkunde und Pflanzenernährung, Martin-Luther-Universität Halle-Wittenberg, Weidenplan 14, D-06108 Halle/Saale

Abstract

Due to mass flow mineral nutrients may accumulate in the rhizosphere which is synonymous with a decrease of soil osmotic potential (negative values!) in the rhizosphere compared to the bulk soil. As a result plant water uptake might be impeded. It is the objective of this study to test the impact of soil texture on the extend and dynamics of gradients in soil osmotic potential between bulk soil and rhizosphere at high and low initial salt content.

Zea mays L. cv. 'Helix' was grown under controlled conditions in boxes in which the root compartment was separated from the bulk soil compartment by a nylon net (30 µm). As a substrate either quarz sand (*T1*) or a mixture of quarz sand and quarz silt (*T2*) was used. Soil osmotic potential was measured in soil solution collected with micro suction cups (high spatial resolution) and with TDR technique (high temporal resolution). Large differences in mass flow induced by the two texture treatments (*T1, T2*) resulted as postulated in pronounced differences in the formation of osmotic potential gradients between bulk soil and rhizosphere. However, the extend of the osmotic potential gradient depended also heavily on the salt content in the soil at the start of the experiment. The differences in mass flow (water uptake) between the texture treatments corresponded with the differences in unsaturated hydraulic conductivity (*ku*) between the treatments. However, explaining the differences in water uptake by *ku* alone would imply that the osmotic potential of the rhizosphere had no impact on water uptake which is contradictory to what was expected from literature data.

Einleitung

Durch Massenfluß kann es zur Anreicherung von Salzen in der Rhizosphäre kommen, sofern die zur Wurzeloberfläche angelieferte Salzmenge den Nährstoffbedarf bzw. das Nährstoffaufnahmevermögen der Pflanze übersteigt (BARBER und OZANNE 1970, HAMZA und AYLMORE 1992, JUNGK 1991, SINHA und SINGH 1976). Dem entsprechend muß es auch zur Ausbildung von Gradienten des osmotischen Potentials (Ψ_o) in Böden kommen. Diese wurden bislang, obgleich immer wieder theoretisch postuliert (NULSEN und THURTELL 1980, SCHLEIFF 1986, STIRZACKER und PASSIOURA 1996), meßtechnisch kaum erfaßt. Osmotische Potentialgradienten in der Rhizosphäre sollten für die Wasseraufnahme von Pflanzen und damit für deren Wachstum von Bedeutung sein (KRAMER und BOYER 1995, LÖSCH 2001, MUNNS und PASSIOURA 1984, STEUDLE 2001), auch wenn die relative Bedeutung des osmotischen Potentialgradienten in Vergleich zum Gradienten des Matrixpotentials (Ψ_m) kontrovers diskutiert wird (DEAN-KNOX et al. 1998, HAO und DEJONG 1988, HOUMAEE 1999, KAFKAFI 1991, PARRA und CRUZ ROMERO 1980, SHALHEVET und HSIAO 1986, SEPASKHAH und BOERSMA 1979, WADLEIGH und AYERS 1945).

Ziel der hier dargestellten Arbeit war es, Ausmaß und Dynamik osmotischer Potentialgradienten zwischen Gesamtboden und Rhizosphäre in Abhängigkeit von der Bodenart zu erfassen. Die Bodenart wurde als Einflußgröße gewählt, da sie über die Lagerungsdichte des Bodens, die Ψ_m - Θ Beziehung (Θ = Bodenwassergehalt) bzw. die Beziehung Ψ_m - ku (ku = ungesättigte hydraulische Leitfähigkeit des Bodens) wesentlich die Transporteigenschaften im Boden bestimmt und damit den Massenfluß beeinflußt.

Die Versuche wurden in einem modifizierten Kompartimentgefäß durchgeführt (KUCHENBUCH und JUNGK 1982, LI et al. 1991, YOUSSEF und CHINO 1987), das aufgrund seiner Geometrie und der Begrenzung des eigentlichen Wurzelraumes dazu neigt, Einflüsse der Wurzeln auf ihre unmittelbare Umgebung zu überzeichnen. Außerdem können evtl. Unterschiede in Wurzelarchitektur und -morphologie zunächst vernachlässigt werden, da sie nicht zum Tragen kommen. Der große Vorteil des Systems liegt darin, daß in definierten Abständen von der „Wurzeloberfläche“, die mit der Begrenzung des Wurzelkompartimentes durch ein Nylonnetz gleichgesetzt wird, gemessen werden kann. Das System erlaubt zudem eine zweidimensionale Betrachtungsweise, was z. B. auch den Einsatz von langgestreckten Meßfühlern, wie sie die TDR-Sonden darstellen, zur kleinräumigen Messung gestattet.

Zur Messung des osmotischen Potentials in der Bodenlösung wurden zwei verschiedene Verfahren parallel eingesetzt. Das erste Verfahren (Mikrosaugkerzen) basiert auf der Gewinnung von Bodenlösung in situ, wie es von GÖTTLEIN et al. (1996) beschrieben wurde. Das zweite Verfahren basiert auf der Ableitung des osmotischen Potentials aus der elektrischen Leitfähigkeit der Bodenmatrix (σ) über TDR-Sonden (MALICKI und WALCZAK 1999). Mikrosaugkerzen ermöglichen eine Beprobung mit einer relativ hohen räumlichen Auflösung (5 mm × 5 mm) und bieten gleichzeitig die Möglichkeit, einzelne Elemente in der gewonnenen Bodenlösung über Kapillarelektrophorese zu bestimmen (DIEFFENBACH 2000).

Die Grundlagen der Anwendung der TDR-Technik zur Messung von Salzgehalten in Böden wurden von NADLER *et al.* (1991) und HEIMOVAARA *et al.* (1995) beschrieben. Es gibt zahlreiche Modelle zur Berechnung der elektrischen Leitfähigkeit der Bodenlösung aus (σ) (NEVE *et al.* 2000). Alternativ hierzu wird von VOGELER *et al.* (1996) ein rein empirisches Verfahren beschrieben. Dessen Anwendung wird in der vorliegenden Arbeit bevorzugt, da über die Mikrosaugkerzen eine einfache Methode zur simultanen Gewinnung der Bodenlösung und damit für die Kalibrierung vorliegt.

Zur Variation der Bodenart (bodenphysikalische Eigenschaften) möglichst ohne gleichzeitige Variation der bodenchemischen Eigenschaften wurde Quarzsand mit Quarzschluff in unterschiedlichen Anteilen vermischt (Variante *T1* und *T2*). Der Gefäßversuch wurde unter kontrollierten Bedingungen als randomisierte Blockanlage mit drei Wiederholungen aufgestellt. Der gleiche Versuch wurde einmal bei hohem (*S2*) und einmal bei niedrigem (*S1*) initialen Salzgehalt durchgeführt. Aufgrund der Unterschiede in der Wasseraufnahme ergab sich bei hohem initialen Salzgehalt (*S2*) eine Wachstumsdauer von 40 Tagen, bei niedrigem initialen Salzgehalt (*S1*) eine Wachstumsdauer von 55 Tagen.

Material und Methoden

Bei dem verwendeten Substrat handelt es sich um den aus tertiären Sanden bestehenden C-Horizont eines Regosols in der Nähe von Köselitz im Fläming, Brandenburg (< 1 mm gesiebt). Zur Variation der Bodenart wurde neben dem Quarzsand aus Köselitz zusätzlich Quarzschluff (*Mikrosil SP12*, Westdeutsche Quarzwerke GmbH) verwendet. Quarzschluff wurde zur Variation der Bodenart mit 20 % (m/m) eingemischt. Diese Variante wird mit *T2* bezeichnet im Unterschied zum reinen Quarzsand aus Köselitz (*T1*).

Es erfolgte eine Grunddüngung pro Kilogramm Substrat: 100 mg N als NH_4NO_3, 80 mg P als $CaHPO_4$, 100 mg Ca als $CaSO_4 \cdot 2\ H_2O$ (Pulver) und 5 ml einer Mikronährstofflösung (3,25 mg Mn, 0,79 mg Zn, 0,5 mg Cu und 0,17 mg B). Zur Einstellung unterschiedlicher initialer Salzgehalte wurde die Kalium- und Magnesiumdüngung variiert: *S1* 100 mg K/kg als K_2SO_4, 50 mg Mg/kg als $MgSO_4$; *S2* 200 mg K/kg als K_2SO_4, 100 mg Mg/kg als $MgSO_4$.

Es wurden jeweils die Sulfatsalze anstelle der Chloridsalze gewählt, um bei der hohen Dosierung in *S2* eine mögliche Cl⁻-Toxizität zu vermeiden. Auch auf eine Natriumzugabe wurde verzichtet, da in dieser Arbeit nur die osmotische Wirkung von Salzen und nicht deren spezifische Toxizität untersucht werden soll. Durch die gleichzeitige Variation der K- und Mg-Düngung sowie der Gabe von Gips ($CaSO_4$ · 2 H_2O) über dem Löslichkeitsgleichgewicht sollten extreme Schwankungen des Verhältnisses K : Mg : Ca und damit Ionenantagonismen, wie sie für diese Kationen bekannt sind, vermieden werden.

Das Niveau der K- und Mg-Düngung wurde so hoch gewählt, um Wachstumsunterschiede (Unterschiede im Wasserverbrauch) zwischen den Varianten *S1* und *S2* aufgrund einer besseren Versorgung mit diesen Nährstoffen zu vermeiden.

Die Versuchsgefäße wurden als Kompartimentgefäße aus Polykarbonat (6 mm Wandstärke) konzipiert, in denen das Wurzelkompartiment (3,2 cm breit) von den Gesamtbodenkompartimenten (10,6 cm breit) durch ein Nylonnetz mit 30 µm Maschenweite getrennt ist. Die Gefäße sind 10 cm hoch und 8,8 cm tief und besitzen an den Längsseiten Bohrungen, z. T. mit Gewinde für den Einbau von TDR-Sonden, Mikrotensiometern und Mikrosaugkerzen. Im Ergebnis können TDR-Sonden und Mikrotensiometer ausgehend von der Gefäßmitte in 4,5 cm Höhe, horizontal in Drei-Zentimeter-Schritten an gegenüberliegenden Längsseiten eingebaut werden, die Mikrosaugkerzen in 3,5 cm Höhe in Schritten von 0,6 cm, d.h. auch unmittelbar vor und nach dem Nylonnetz. Die Gefäßböden bestehen aus 3 mm starken Lochplatten (Bohrungen 6 mm Durchmesser), die von außen ebenfalls mit Nylonnetz verklebt wurden.

Zur Bewässerung über Kapillarhub wurden die Kompartimentgefäße auf ein Bett aus Quarzsand (1...2 mm Körnung) gestellt. Dieses wurde mit einer regelbaren Unterdruckanlage (UIT GmbH) verbunden, so daß der Wasserstand im Quarzsandbett am Ende der Bewässerung wieder gezielt abgesenkt werden konnte. Zur Bewässerung wurde destilliertes Wasser verwendet. Die Evaporation wurde durch eine 1 cm mächtige Schicht aus groben Quarzsand (1...2 mm) und durch das Auflegen von Folie auf die Gefäßränder minimiert. Als Versuchspflanze wurde *Zea mays* L., Sorte ‚Helix' verwendet.

Zur Erfassung des osmotischen Potentials in der Bodenlösung mit hoher *zeitlicher* Auflösung wurden TDR-Sonden von EASY-Test Ltd., Polen, verwendet mit einer Länge von 50 mm und 5 mm Abstand zwischen den Nadeln. Die Meßwerte wurden alle 30 Minuten bei konstanter Temperatur aufgezeichnet. Für die Berechnung des osmotischen Potentials der Bodenlösung $\Psi_{o\text{-}soil}$ aus der elektrischen Leitfähigkeit der Bodenmatrix (σ) wurde eine empirische Kalibrierfunktion in

Anlehnung an VOGELER *et al.* (1996) erstellt. Zur Erfassung des osmotischen Potentials in der Bodenlösung mit hoher *räumlicher* Auflösung wurden entsprechend der Beschreibung von GÖTTLEIN *et al.* (1996) Mikrosaugkerzen eingesetzt. Abgesaugt wurde die Bodenlösung mit –30 kPa über einen Zeitraum von jeweils 20 Minuten. Die Bestimmung des osmotischen Potentials in der Bodenlösung erfolgte über die Messung der Gefrierpunkterniedrigung mit dem *Osmomat 030* (Gonotec, Berlin).

Parallel zur Messung des osmotischen Potentials in der Bodenlösung wurde das Matrixpotential des Bodens mit Mikrotensiometern erfaßt (VETTERLEIN *et al.* 1993). Zur Berechnung des Bodenwassergehaltes aus dem mit den Mikrotensiometern gemessenen Bodenmatrixpotential (Ψ_m) wurde die Gleichung von VAN GENUCHTEN (1980) verwendet mit der Restriktion $m = 1 - \dfrac{1}{n}$ (MUALEM 1986).

Aus der Änderung des Bodenwassergehaltes über die Zeit wurde die Wasseraufnahme berechnet.

Die Klimakammer wurde konstant bei 20 °C und 60 % rel. Luftfeuchtigkeit gehalten. Die Beleuchtung (12 h Lichtperiode) erreichte 200 µmol/(m^2 · s).

Die Gefäßversuche mit den Texturvarianten (Bodenarten) *T1* und *T2* wurden als randomisierte Blockanlage mit drei Wiederholungen aufgestellt. Der gleiche Versuch wurde einmal bei hohem (*S2*) und einmal bei niedrigem (*S1*) initialen Salzgehalt durchgeführt, mit einer Wachstumsdauer von 40 Tagen bei *S2* bzw. von 55 Tagen bei *S1*.

Um das Pflanzenwachstum während des Versuches zu erfassen, erfolgte eine Abschätzung der Blattflächenentwicklung durch Bestimmung der Blattlänge und maximalen Breite für jedes Einzelblatt alle drei bis vier Tage. Zur Ernte wurde die Blattfläche dann zusätzlich mit einem Blattflächenmeßgerät bestimmt.

Zur Bestimmung der leichtlöslichen Salze (SO_4^{2-}, K^+, Mg^+, Ca^{2+}) im Boden wurde eine Wasserextraktion durchgeführt (1 : 25, 2 h schütteln). Zur Bestimmung der Nährstoffe im gemahlenen Pflanzenmaterial wurde ein HNO_3-Druckaufschluß durchgeführt. Anschließend wurden K, Mg, Ca und P bestimmt. Die Bestimmung von N erfolgte durch direkte Verbrennung.

Das Versuchsdesign wurde bei beiden Experimenten so gewählt, daß eine einfaktorielle Varianzanalyse durchgeführt werden kann. Korrelations- bzw. Regressionsanalysen und Kurvenanpassungen wurden mit den Programmen *Sigma Plot* bzw. *Sigma Stat* durchgeführt. In die Graphiken wurde stets die Standardabweichung der drei Wiederholungen einer Variante eingetragen.

Ergebnisse und Diskussion

Variante $T2$ weist im Vergleich zu $T1$ ein geringeres Porenvolumen und einen höheren residualen Wassergehalt auf. Bei hohen Bodenwassergehalten (hohen Bodenmatrixpotentialen) ist die hydraulische Leitfähigkeit in $T2 > T1$ (Abb. 1). Das zunächst untypische Verhalten der bodenphysikalischen Parameter bei Erhöhung des Schluffanteils (SCHEFFER *et al.* 1984) erklärt sich durch die gleichzeitige Veränderung der Lagerungsdichte ($T1$: 1,3 g/cm^3; $T2$: 1,45 g/cm^3).

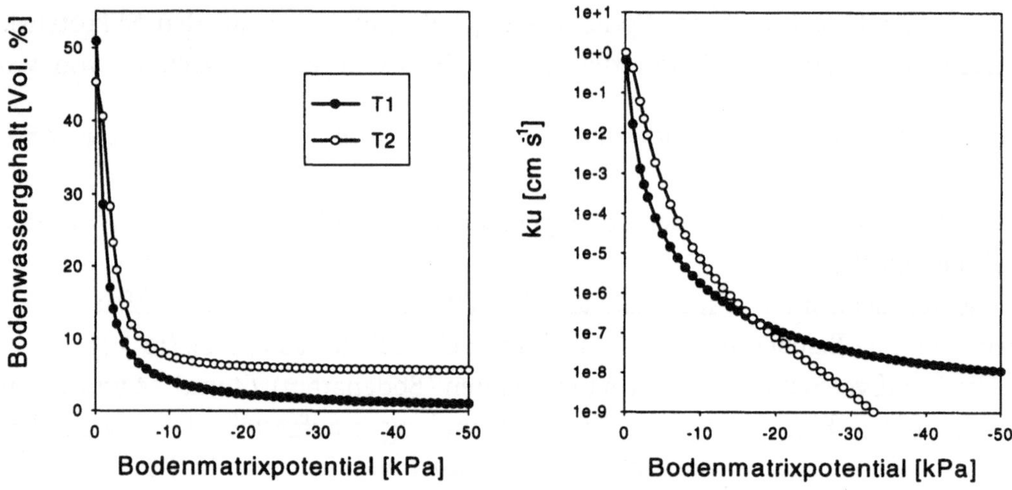

Abb. 1. Ψ_m - Θ und Ψ_m - ku Beziehung für die Texturvarianten $T1$ und $T2$.

Betrachtet man zunächst die Wasseraufnahme im Versuchsverlauf als Maß für den Massenfluß (Abb. 2), so zeigt sich ein überraschend deutlicher Unterschied zwischen den Texturvarianten ($T1$, $T2$) unabhängig vom initialen Salzgehalt ($S1$, $S2$). Die höhere Wasseraufnahme in der Variante $T2$ im Vergleich zu $T1$ wird 28 bzw. 18 Tage nach Aussaat deutlich. Die Unterschiede zwischen den Varianten nehmen im Versuchsverlauf zunächst zu.

Die Unterschiede in der Wasseraufnahme sind nicht auf eine unterschiedliche Blattflächenentwicklung zurückzuführen (nicht dargestellt), sondern spiegeln sich auch wider in unterschiedlichen Transpirationsraten (nicht dargestellt). Erst 42 bzw. 32 Tage nach Aussaat geht die Transpirationsrate in der Variante $T2$ deutlich zurück, so daß es zu einer Verminderung der Unterschiede zwischen $T1$ und $T2$ kommt. Der Verlauf der Wasseraufnahme sowie die Unterschiede zwischen den Varianten $T1$ und $T2$ stimmen mit dem zeitlichen Verlauf der ungesättigten hydraulischen Leitfähigkeit (*ku*) überein (nicht dargestellt) und können somit allein durch diesen Parameter erklärt werden. Dem steht allerdings entgegen, daß kontrovers diskutiert wird, ob *ku* der limitierende Faktor für den Wassertransport im Kontinuum Boden – Pflanze – Atmosphäre sein kann (KRAMER und BOYER 1995) und daß selbst Autoren, die diese These unterstützen (BLIZZARD und BOYER 1980, COWAN 1965, GARDNER 1960), *ku* erst bei wesentlich geringeren Bodenmatrixpotentialen als limitierend ansehen.

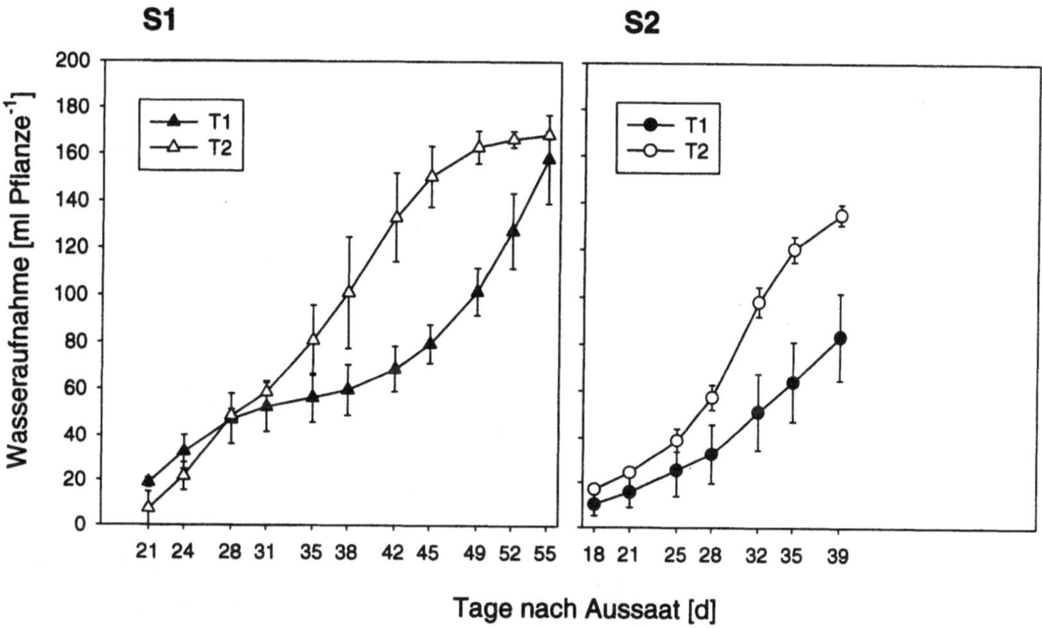

Abb. 2. Einfluß der Bodenart (*T1*, *T2*) auf die kumulative Wasseraufnahme bei niedrigem (*S1*) und hohem (*S2*) initialen Salzgehalt.

Im Versuchsverlauf ist bei allen untersuchten Elementen eine Anreicherung im Wurzelkompartiment und unmittelbar an der Netzoberfläche zu beobachten sowie eine deutliche Verarmung mit zunehmendem Abstand von der Netzoberfläche Abb.3). Die Anreicherung im Wurzelkompartiment ist bei der Variante *T2* entsprechend der größeren Wasseraufnahme und damit dem größeren Massenfluß für alle Elemente stärker ausgeprägt als bei der Variante *T1*. Dominant sind im Wurzelkompartiment Ca und SO_4-S, die mit hoher Wahrscheinlichkeit als Gips ausgefallen sind und somit beim osmotischen Potential aufgrund der geringen Löslichkeit von Gips eine untergeordnete Rolle spielen (VETTERLEIN und BERGMANN 1999).

Die über Mikrosaugkerzen gewonnene Bodenlösung (Abb. 4) und das darin gemessene osmotische Potential zeigt im Unterschied zur destruktiven Beprobung den zeitlichen Verlauf der Salzakkumulation. Allerdings treten hier nur die noch in Lösung befindlichen Salze in Erscheinung, und neben der Salzanreicherung durch Transportprozesse spiegelt das osmotische Potential auch die Anreicherung von Salzen durch die Abnahme des Bodenwassergehaltes wider. Letzteres läßt sich zwar unter Kenntnis des Bodenwassergehaltes rechnerisch berücksichtigen. Da aber für die Wasseraufnahme das aktuelle osmotische Potential und nicht die Salzmenge von Bedeutung ist, wurde auf diese Darstellung verzichtet.

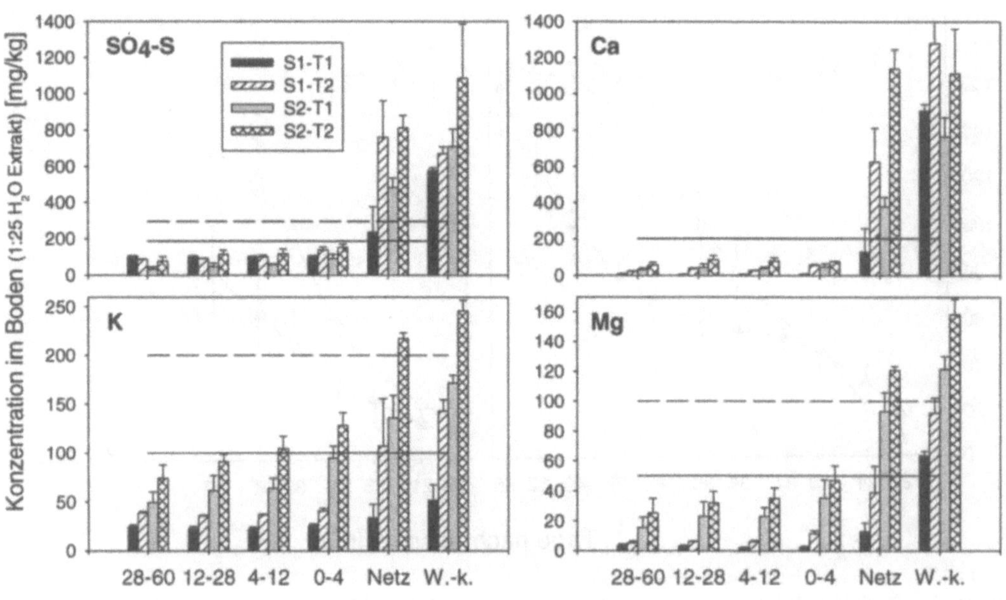

Abb. 3. Einfluß der Textur (*T1*, *T2*) auf die Verteilung von wasserlöslichen Salzen im Boden zu Versuchsende. Die Proben wurden aus dem Wurzelkompartiment (W.-k.), vom Netz und mit zunehmendem Abstand vom Netz [mm] entnommen. Die durchgezogenen Linien stellen die Ausgangsgehalte bei niedrigem initialen Salzgehalt dar, die gestrichelten Linien die Ausgangsgehalte bei hohen initialen Salzgehalten.

Der Gradient des osmotischen Potentials zwischen Gesamtboden und Rhizosphäre (Netz, Wurzelkompartiment) nimmt während des Versuchsverlaufs bei beiden Varianten zu. Er ist bei der Variante *T2* entsprechend dem höheren Massenfluß bei gleicher bzw. geringerer Nährstoffaufnahme (nicht dargestellt) deutlicher ausgeprägt als bei der Variante *T1*, was nicht nur auf die stärkere Salzakkumulation, sondern auch auf die schnellere Austrocknung in der Variante *T2* (nicht dargestellt) zurückzuführen ist.

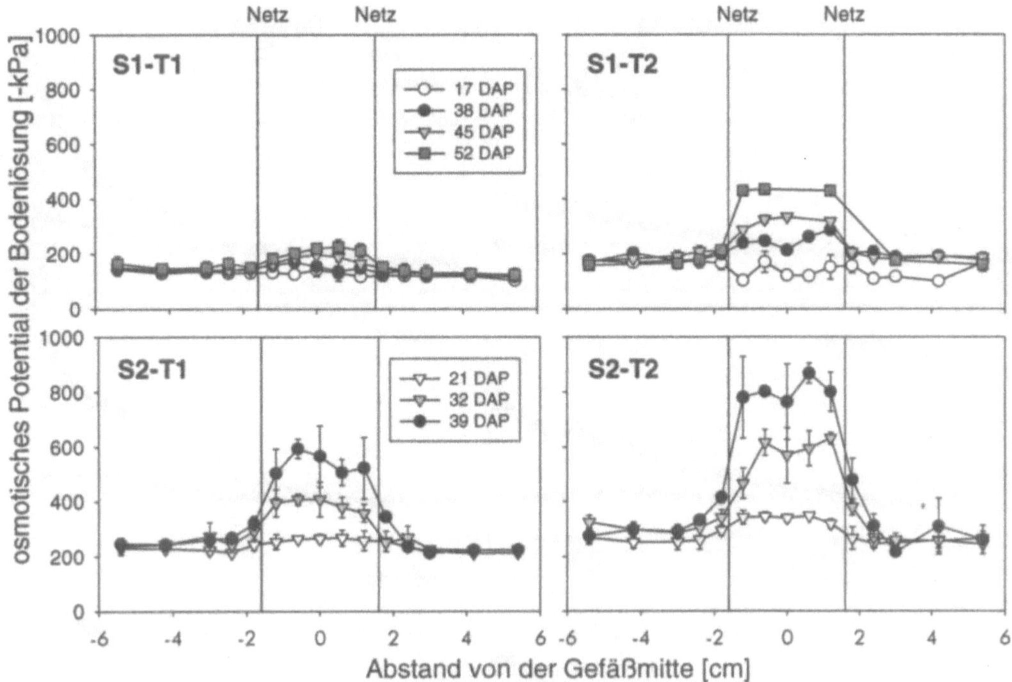

Abb. 4. Einfluß der Bodenart (*T1*, *T2*) und des initialen Salzgehaltes (*S1*, *S2*) auf die räumliche und zeitliche Veränderung osmotischer Potentialgradienten zwischen Gesamtboden und Rhizosphäre (DAP: Tage nach Aussaat).

Sehr steile Gradienten treten jeweils an der Netzoberfläche, die im Modell als Wurzeloberfläche betrachtet wird, auf. Das Auftreten steiler Gradienten spricht dafür, daß sich die Einzugsbereiche der einzelnen Saugkerzen, die in einem Abstand von 6 mm eingebaut sind, nicht stark überlappen, obgleich diese Möglichkeit theoretisch bei gegebener Probenahmedauer (20 min), angelegtem Unterdruck (-30 kPa) und dem jeweiligen Bodenwassergehalt nicht auszuschließen ist. Die steilen Gradienten an der „Wurzeloberfläche" sind nicht auf Unterschiede im Wassergehalt zurückzuführen, da sich während des Versuchsverlaufs keine bzw. nur sehr geringe Gradienten gegen Versuchsende im Bodenmatrixpotential zwischen Gesamtboden und Rhizosphäre gezeigt haben (nicht dargestellt).

Aufgrund seiner geringen Löslichkeit von 2,41 g pro Liter bei 20 °C trägt Gips ($CaSO_4 \cdot 2\ H_2O$) nur ca. 70 kPa zum gemessenen osmotischen Potential bei.

Welches die dominierenden osmotisch wirksamen Substanzen im System sind, soll eine Analyse mittels Kapillarelektrophorese ergeben.

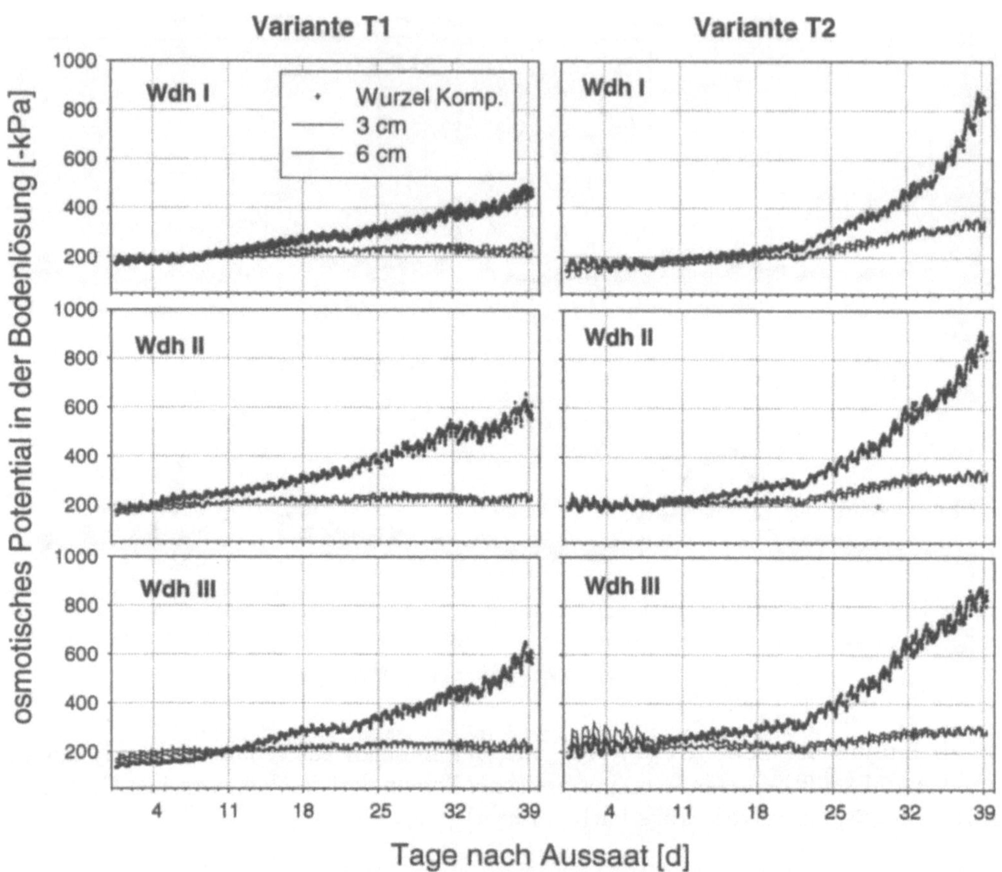

Abb. 5. Einfluß der Bodenart (*T1*, *T2*) auf die zeitliche Veränderung des osmotischen Potentials im Wurzelkompartiment und im Gesamtboden bei hohem initialen Salzgehalt (*S2*). Die Werte wurden über eine Kalibrierung aus den TDR-Meßwerten für ε und σ berechnet. Dargestellt sind die Einzelwerte für jedes Versuchsgefäß.

Das mittels TDR-Sonden ermittelten osmotische Potential der Bodenlösung (Abb. 5) zeigt einen analogen Verlauf zu den mit Mikrosaugkerzen erhobenen Daten (Abb. 4). Die höhere zeitliche Auflösung läßt genauere Aussagen über den Beginn der Gradientenbildung zu. 18 Tage nach Aussaat ist bei allen Versuchsgefäßen bei hohem initialen Salzgehalt eine Differenzierung zwischen Gesamtboden und Wurzelkompartiment erkennbar. Abbildung 5 verdeutlicht auch die relativ geringe Streuung der Meßparameter innerhalb einer Variante.

Bei niedrigem initialen Salzgehalt ($S1$) zeigten sich prinzipiell die selben Unterschiede zwischen den Texturvarianten $T1$ und $T2$, wie sie bei hohem initialen Salzgehalt ($S2$) beobachtet worden waren. Die höhere Wasseraufnahme in der Variante $T2$ korrespondierte mit einer stärkeren Salzanreicherung in der Rhizosphäre zu Versuchsende (Abb. 3), wobei die absoluten Mengen, die angereichert wurden, insbesondere bei K und Mg entsprechend der niedrigeren Ausgangsgehalte (Düngung) bei $S1$ auch geringer ausfielen. Auch beim osmotischen Potential in der Bodenlösung findet sich bei $S2$ ein entsprechend der Düngung etwas negativeres Ausgangsniveau und auch insgesamt steilere Gradienten. Dies wird besonders deutlich, wenn man die Gradienten nach gleicher Versuchsdauer vergleicht (38 bzw. 39 DAP, Abb. 4, schwarze Symbole).

Vergleich man die Wasseraufnahme zwischen den beiden Versuchen, so wird deutlich, daß bei höherem initialen Salzgehalt ($S2$) im Vergleich zu niedrigem initialen Salzgehalt ($S1$) ein höherer Wasserverbrauch auftritt und sich daher schneller ein Wasserdefizit entwickelt. Dies führte trotz gleicher Bodenmatrixpotentiale zu Versuchsbeginn (nicht dargestellt) zu einer längeren Versuchsdauer bei $S1$ im Vergleich zu $S2$. Dies ist erstaunlich, zeigen doch Versuche in Nährlösung, Sandkultur mit Nährlösung oder auch Versuche in Böden (BLISS *et al.* 1986, MUNNS und PASSIOURA 1984, SCHLEIFF 1983, SHARMA und HALL 1991, TERMAAT *et al.* 1985) häufig den hemmenden Einfluß von negativen osmotischen Potentialen bzw. hohen Salzgehalten im Boden auf Wasseraufnahme und Transpiration, wobei die Versuche meist, aber nicht ausschließlich mit steigenden NaCl-Mengen als Osmotikum durchgeführt wurden. Es gibt Hinweise darauf, daß bei hoher K-Versorgung (Luxuskonsum) erhöhte Blattleitfähigkeiten und damit erhöhte Wasseraufnahme auftreten kann (PIER und BERKOWITZ 1987). Diese Frage kann nur im direkter Vergleich der Varianten $S1$ und $S2$ in einem Versuch geklärt werden.

Zusammenfassung

Die großen Unterschiede in der Wasseraufnahme und damit im Massenfluß zwischen den Texturvarianten $T1$ und $T2$, führten wie postuliert zu deutlichen Unterschieden in der Ausprägung eines osmotischen Potentialgradienten zwischen Gesamtboden und Rhizosphäre. Das Ausmaß des osmotischen Potentialgradienten hängt aber auch ganz entscheidend vom initialen Salzgehalt ab. Die Unterschiede in der Wasseraufnahme zwischen den Texturvarianten lassen sich allein durch die

Unterschiede in der hydraulischen Leitfähigkeit erklären. Dies würde aber gleichzeitig bedeuten, daß sich das osmotische Potential in der Rhizosphäre nicht auf die Wasseraufnahme ausgewirkt hat bzw. eine starke Verschiebung zwischen apoplastischem und symplastischem Pfad für den radialen Wassertransport in die Wurzel stattgefunden hat, wie er von STEUDLE (2001) bei Veränderung von Umweltbedingungen diskutiert wird. Die Unterschiede in der Nährstoffversorgung der Pflanzen zwischen den Varianten *T1* und *T2* waren sehr gering. Es ist aber aufgrund der Bedeutung von K und Ca für die Stomataregulation (HSIAO und LÄUCHLI 1986, WEBB *et al.* 2001) nicht auszuschließen, daß bereits das etwas ungünstigere K/(Mg+Ca)-Verhältnis in *T2* zu einer Beeinträchtigung der Stomataregulation und damit zu höheren Transpirationsraten führte.

Literaturverzeichnis

BARBER, S. A.; OZANNE, P. G., 1970: Autoradiographic evidence for the differential effect of four plant species in altering the calcium content of the rhizosphere soil. *Soil Science Society of America Proceedings* 34, 635-637.

BLISS, R. D.; PLATT-ALOIA, K. A.; THOMSON, W. W., 1986: Osmotic sensitivity in relation to salt sensitivity in germinating barley seeds. *Plant, Cell and Environment* 9, 721-725.

COWAN, I. R., 1965: Transport of water in the soil – plant – atmosphere system. *Journal of Applied Ecology* 2, 221-239.

DEAN-KNOX, D. E.; DEVITT, D. A.; VERCHICK, L. S.; MORRIS, R. L., 1998: Physiological response of two turfgrass species to varying ratios of soil matric and osmotic potentials. *Crop Science* 38, 175-181.

DIEFFENBACH, A., 2000: In situ Bodenlösungschemie in der Rhizosphäre von Fichten-Feinwurzeln. *Bayreuther Forum für Ökologie*, Band 76.

GARDNER, W. R., 1960: Dynamic aspects of water availability to plants. *Soil Science* 89, 63-73.

GENUCHTEN, M. T. VAN, 1980: A closed form equation for predicting the hydraulic conductivity of unsaturated soils. *Soil Science Society of America Journal* 44, 892-898.

GÖTTLEIN, A.; HELL, U.; BLASEK, R., 1996: A system for microscale tenisometry and lysimetry. *Geoderma* 69, 147-156.

HAMZA, M. A.; AYLMORE, L. A. G., 1992: Soil solute concentration and water uptake by single lupin and radish plant roots. 1. Water extraction and solute accumulation. *Plant and Soil* 145, 187-196.

HAO, X.; DE JONG, E., 1988: Growth of wheat and barley seedlings at different matric and osmotic potentials. *Agronomy Journal* 80, 807-811.

HEIMOVAARA, T. J.; FOCKE, A. G.; BOUTEN, W.; VERSTRATEN, J. M., 1995:

Assessing temporal variations in soil water composition with time domain reflectometry. *Soil Science Society of America Journal* 59, 689–698.

HSIAO, T. C.; LÄUCHLI, A., 1986: Role of potassium in plant-water relations. In: B. Tinker, A. Läuchli (eds.) *Advances in Plant Nutrition 2*, 281–312.

JUNGK, A. O., 1991: Dynamics of nutrient movement at the soil-root interface. In: J. Waisel, A. Eshel, U. Kafkafi (eds.) *Plant Roots: The Hidden Half*. New York, Basel, Hongkong: Marcel Dekker, 455–481.

KAFKAFI, U., 1991: Root growth under stress – salinity. In: J. Waisel, A. Eshel, U. Kafkafi (eds.) *Plant Roots: The Hidden Half*. New York, Basel Hongkong: Marcel Dekker, 375–391.

KRAMER, P. J.; BOYER, J. S., 1995: *Water Relations of Plants and Soils*. New York: Academic Press.

KUCHENBUCH, R.; JUNGK, A., 1982: A method for determining concentration profiles at the soil-root interface by thin slicing rhizospheric soil. *Plant and Soil* 68, 391–394.

LI, X.-L.; MARSCHNER, H.; GEORGE, E., 1991: Acquisition of phosphorus and copper by VA-mycorrhizal hyphae and root-to-shoot transport in white clover. *Plant and Soil* 136, 49–57.

LÖSCH, R., 2001: *Wasserhaushalt der Pflanzen*. Wiebelsheim: Quelle und Meyer.

MALICKI, M. A.; WALCZAK, R. T., 1999: Evaluating soil salinity status from bulk electrical conductivity and permittivity. *European Journal of Soil Science* 50, 1–10.

MUALEM, Y., 1986: Hydraulic conductivity of unsaturated soils: Prediction and formulas. In: A. Klute (ed.). *Methods of Soil Analysis*. Part 1. Physical and Mineralogical Methods. Agron. Monogr. 9 (second edition). Madison WI: American Society of Agronomy, 799–823.

MUNNS, R.; PASSIOURA, J. B., 1984: Hydraulic resistance of plants. III. Effects of NaCl in barley and lupin. *Australian Journal of Plant Physiology* 11, 351–359.

NADLER, A.; DASBERG, S.; LAPID, I., 1991: Time domain reflectometry measurements of water content and electrical conductivity of layered soil columns. *Soil Science Society of America Journal* 62, 99–109.

NEVE, S. DE; STEEENE, J. VAN DE; HARTMANN, R.; HOFMAN, G., 2000: Using time domain reflectometry for monitoring mineralization of nitrogen from soil organic matter. *European Journal of Soil Science* 51, 295–304.

NULSEN, R. A.; THURTELL, G. W., 1980: Effects of osmotica around the roots on water uptake by maize plants. *Australian Journal of Plant Physiology* 7, 27–34.

PARRA, M. A.; CRUZ ROMERO, G., 1980: On the dependence of salt tolerance of beans (*Phaseolus vulgaris* L.) on soil water matric potentials. *Plant and Soil* 56, 3–16.

PIER, P. A.; BERKOWITZ, G. A., 1987: Modulation of water stress effects on photosynthesis by altered leaf K^+. *Plant Physiology* 85, 655–661.

SCHEFFER, F.; SCHACHTSCHABEL, P.; BLUME, H.-P.; HARTGE, K.-H.; SCHWERT-

MANN, U., 1984: *Lehrbuch der Bodenkunde*, 11. Auflage – Stuttgart: Enke.

SCHLEIFF, U., 1983: Water uptake of barley roots from rhizospheric soil solution of different salt concentrations. *Irrigation Science* 4, 177-189.

SCHLEIFF, U., 1986: Water uptake by barley roots as affected by the osmotic and matric potential in the rhizosphere. *Plant and Soil* 94, 143-146.

SEPASKHAH, A. R.; BOERSMA, L., 1979: Shoot and root growth of wheat seedlings exposed to several levels of matric potential and NaCl-induced osmotic potential of soil water. *Agronomy Journal* 71, 746-752.

SHALHEVET, J.; HSIAO, T. C., 1986: Salinity and drought. A comparison of their effects on osmotic adjustment, assimilation, transpiration and growth. *Irrigation Science* 7, 249-264.

SHARMA, P. K.; HALL, D. O., 1991: Interaction of salt stress and photoinhibition on photosynthesis in barley and sorghum. *Journal of Plant Physiology* 138, 614-619.

SINHA, B. K.; SINGH, N. T., 1976: Chloride accumulation near corn roots under different transpiration, soil moisture and soil salinity regimes. *Agronomy Jornal* 68, 346-348.

STEUDLE, E., 2001: The cohesion-tension mechanism and the aquisition of water by plant roots. *Annual Review of Plant Physiology and Plant Molecular Biology* 52, 847-875.

TERMAAT, A.; PASSIOURA, J. B.; MUNNS, R., 1985: Shoot turgor does not limit growth of NaCl-affected wheat and barley. *Plant Physiology* 77, 869-872.

VETTERLEIN, D.; MARSCHNER, H.; HORN, R., 1993: Microtensiometer technique for *in situ* measurement of soil matric potential and root water extraction from a sandy soil. *Plant and Soil* 149, 263-273.

VETTERLEIN, D.; BERGMANN, C., 1999: Ausbildung osmotischer Potentialgradienten zwischen Gesamtboden und Rhizosphäre – Vergleich zwischen einem „salzreichen" Kipp-Kohlesand und einem „salzarmen" Kipp-Sand. *Mitteilungen der Deutschen Bodenkundlichen Gesellschaft* 91, 889-892.

VOGELER, I.; CLOTHIER, B. E.; GREEN, S. R.; SCOTTER, D. R.; TILLMAN, R. W., 1996: Characterizing water and solute movement by time domain reflectometry and disk permeametry. *Soil Science Society of America Journal* 60, 5-12.

WADLEIGH, C. H.; AYERS, A. P., 1945: Growth and biochemical composition of bean plants as conditioned by soil moisture tension and salt concentration. *Plant Physiology* 20, 106-132.

WEBB, A. A. R.; LARMAN, M. G.; MONTGOMERY, L. T.; TAYLOR, J. E.; HETHE-RINGTON, A. M., 2001: The role of calcium in ABA-induced gene expression and stomatal movements. *The Plant Journal* 26, 351-362.

YOUSSEF, R. A.; CHINO, M., 1987: Studies on the behavior of nutrients in the rhizosphere. I: Establishment of a new rhizobox system to study nutrient status in the rhizosphere. *Journal of Plant Nutrition* 10, 1185-1195.

Durchwurzelung, Rhizodeposition und Pflanzenverfügbarkeit von Nährstoffen und Schwermetallen
12. Borkheider Seminar zur Ökophysiologie des Wurzelraumes
Hrsg.: W. Merbach, B. W. Hütsch, L. Wittenmayer, J. Augustin
B. G. Teubner – Stuttgart · Leipzig · Wiesbaden (2002), S. 75–83

Methanoxidation und Nitrifikation in Böden des „Ewigen Roggenbaus" in Halle

Birgit W. Hütsch
Institut für Bodenkunde und Pflanzenernährung der Martin-Luther-Universität
Halle–Wittenberg, Adam-Kuckhoff-Straße 17b, D-06108 Halle/Saale

Abstract

With soil samples from long-term fertilization treatments of the field experiment "Ewiger Roggenbau" at Halle (Germany) incubation studies were conducted to investigate the interference between CH_4 oxidation and nitrification. Including the treatments *PK*, *NPK*, and farmyard manure (*FYM*), which were established in 1878, a close negative correlation between CH_4 oxidation and net nitrification was found ($r = -0.92$). The CH_4 oxidation rates, determined with an initial concentration of 10 µl/l CH_4, varied between 6.7 and 1.1 µg C/(kg · d) in the *PK* and *NPK* treatment, respectively. After application of NH_4Cl a strong inhibition of CH_4 oxidation occurred, which was 91 %, 88 %, 81 %, and 63 % in the treatments *PK*, *NPK*, *FYM*, and *U* (unfertilized), respectively. After a lag-phase of two to three weeks an incubation with high CH_4 concentrations (20 Vol.-% CH_4) could induce CH_4 oxidizing activity in the *NPK* treatments under continuous rye or maize cropping. An increase of up to 40 times in comparison to the control under atmospheric CH_4 (2 µl/l CH_4) was observed. The results of this study suggest that in aerobic arable soils methanotrophic bacteria and not nitrifiers are responsible for CH_4 oxidation.

Einleitung

Bei Methan handelt es sich um das zweitwichtigste Treibhausgas (nach Kohlendioxid) mit einem Beitrag von etwa 20 % zur globalen Erwärmung. Die atmosphärische CH_4-Konzentration steigt um 0,5 bis 1 % pro Jahr an, wofür es verschiedene Ursachen gibt. Zum einen ist eine Zunahme in den wichtigsten CH_4-Quellen erfolgt (z. B. Naßreisanbau, Tierhaltung und Biomasseverbrennung), aber es hat auch eine Abnahme in den CH_4-Senken stattgefunden. Die einzige bisher bekannte biologische Senke für atmosphärisches CH_4 ist die Oxidation in aeroben Böden durch methanotrophe Bakterien. Die Schlüsselenzyme dieser Mikroorganismen, die

Methan-Monooxygenasen (MMOs), besitzen nur eine geringe Substratspezifität und oxidieren z. B. auch Ammonium. Methanotrophe und chemoautotrophe Ammonium-oxidierende Bakterien sind sich sehr ähnlich im Umsatz von CH_4 und NH_3 (BEDARD und KNOWLES 1989, HANSON und HANSON 1996).

In vielen Untersuchungen wurde Ammonium als starker Hemmstoff der CH_4-Oxidation identifiziert. Kurzzeitige Hemmung trat unmittelbar nach NH_4^+-Applikation auf (u.a. BOECKX und VAN CLEEMPUT 1996, FLESSA *et al.* 1996, HÜTSCH *et al.* 1996, HÜTSCH 1998), die der kompetitiven Hemmung des methanotrophen Enzymsystems (MMO) zugeschrieben wird. Die Nitrifikation von zugeführtem NH_4^+ verhindert die CH_4-Oxidation. Untersuchungen von simultan ablaufenden Oxidationsprozessen des NH_4^+ und CH_4 sind daher nur in Böden möglich, denen vorher kein NH_4^+-haltiger Dünger verabreicht wurde. Böden aus Dauerdüngungsversuchen eignen sich gut für derartige Fragestellungen, da sie sich durch eine weite Spanne sowohl in den Nitrifikationsraten als auch in den CH_4-Oxidationsraten auszeichnen (HÜTSCH *et al.* 1993 und 1994, HÜTSCH 1996). Somit erlaubt die Untersuchung solcher Böden Vergleiche von simultan auftretenden NH_4^+- und CH_4-Oxidationsprozessen. Für detaillierte Studien wurden ausgewählte Dauerdüngungsvarianten des „Ewigen Roggenbaus" in Halle beprobt.

Material und Methoden

Der Feldversuch „Ewiger Roggenbau" in Halle wurde 1878 auf einem Haplic Phaeozem, entstanden aus sandigem Löß, angelegt. Der Boden enthält 10 % Ton und 70 % feinen Sand in der Ackerkrume. Den folgenden Düngungsvarianten des Teilstücks Winterroggen wurden am 15. Mai 1996 Bodenproben aus der Tiefe 0...12 cm entnommen: *U* (ungedüngt), *PK* (24 kg P, 75 kg K pro Hektar und Jahr), *NPK* (wie *PK*, zusätzlich 40/60 kg N pro Hektar und Jahr) und *FYM12* (jährlich 12 t Stallmist pro Hektar). Auf dem Teilstück Silomais wurde nur die Variante NPK beprobt. Zum Vergleich mit den CH_4-Oxidationsmessungen im Jahr 1994 wurden zusätzlich zu den gestörten Proben intakte Bodensäulen (0...12 cm) herangezogen. Eine detaillierte Beschreibung des Versuchsstandortes enthalten die Publikationen von MERBACH *et al.* (2000) und SCHMIDT *et al.* (2000).

Für die Inkubationsversuche zur Bestimmung der Methan- und Ammonium-Oxidationsraten wurden jeweils 50 g Boden der Roggenparzellen in 250-ml-Erlenmeyerkolben eingewogen und bei 25 °C für 24 h vorinkubiert. Danach wurden folgende Substanzen in gelöster Form appliziert: NH_4Cl (40 mg N je Kilogramm Boden), deionisiertes H_2O (als Kontrolle) und NaCl (zum Test des Begleitionen-Effektes).

Nach Verschließen der Kolben wurde die Start-CH_4-Konzentration auf 10 µl/l CH_4 eingestellt. Gasmessungen erfolgten in regelmäßigen Zeitabständen. Die Inkubation fand bei 25 °C im Dunkeln statt. Unmittelbar nach jeder Gasmessung erfolgte die Bodenanalyse (NH_4^+, NO_2^-, NO_3^- und pH-Wert).

Im Rahmen einer weiteren Versuchsreihe wurde der Effekt einer Vorinkubation mit hoher Substratkonzentration auf die CH_4-Oxidation untersucht. Dazu wurde Boden der NPK-Varianten unter Roggen und Mais verwendet. Nach Einstellen der Konzentration auf 10 µl/l CH_4 in der Gasphase wurden die CH_4-Oxidationsraten in wöchentlichen Abständen bestimmt. Zwischen diesen Meßzyklen wurden die Bodenproben entweder mit 20 Vol.-% CH_4 oder unter atmosphärischer CH_4-Konzentration (2 µl/l) inkubiert. Die Anzahl methanotropher Bakterien wurde nach Modifikation der *most probable number*-Technik, kurz MPN-Methode, bestimmt, die von ROWE *et al.* (1977) beschrieben wurde. Diese Methode dient zur Bestimmung der potentiellen Aktivität von Bakterien einer physiologischen Gruppe, die nach seriellen Verdünnungen und anschließender Inkubation mit gezielter Substratzugabe (z. B. hohe Konzentration an CH_4) selektiv angereichert wird. Die Versuche wurden in Anlehnung an BENDER und CONRAD (1992) angesetzt. Weitere Details zur Durchführung sind in HÜTSCH (2001) beschrieben.

Ergebnisse

Die CH_4-Oxidationsraten intakter Bodensäulen zeigten eine gute Übereinstimmung zwischen den Probenahmeterminen März 1994 und Mai 1996 (Abb. 1), lediglich die Werte in der Stallmist- und der *Mais-NPK*-Variante waren 1996 etwas erhöht.

Die Raten der CH_4-Oxidation und der Nitrifikation, ermittelt anhand gesiebter Bodenproben mit und ohne Substratzugabe, sind in Tab. 1 für ausgewählte Düngungsvarianten auf dem Teilstück Roggen zusammengestellt. In den Kontrollen lag in der PK-Variante die bei weitem höchste CH_4-Oxidationsrate

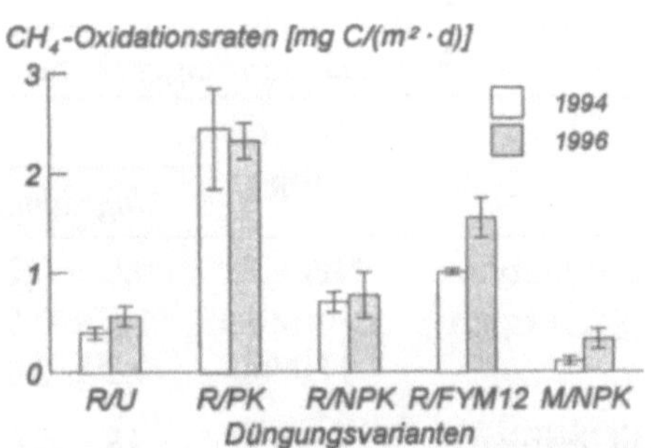

Abb. 1. CH_4-Oxidationsraten zu Beginn der Inkubation intakter Bodensäulen vom „Ewigen Roggenbau" in Halle, Vergleich zwischen den Jahren 1994 und 1996; *R*: Roggen, *M*: Mais; Mittelwerte ± Standardabweichung (SD) von vier Wiederholungen.

vor, gefolgt von den Varianten *Stallmist*, *Ungedüngt* und *NPK*. Durch NH_4Cl-Zugabe trat eine starke Hemmung der CH_4-Oxidation ein, die 63 % (± 13), 91 % (± 1),

88 % (± 15) bzw. 81 % (± 2) in den Varianten *U*, *PK*, *NPK* und *Stallmist* betrug. Auch nach NaCl-Applikation war die Aktivität der methanotrophen Bakterien beeinträchtigt, wobei mit Ausnahme der Variante *Ungedüngt* der Unterschied zur Kontrolle im Bereich der Standardabweichungen lag; in der ungedüngten Variante war jedoch die CH_4-Oxidationsrate nach NaCl-Zufuhr um etwa die Hälfte reduziert (Tab. 1). Bei den Nitrifikationsraten lag in den unbehandelten Kontrollen eine andere Abstufung zwischen den Varianten vor als bei den CH_4-Oxidationsraten, und zwar zeigten *NPK* und *Stallmist* die höchste Aktivität in der Nitratbildung, *PK* und *Ungedüngt* die geringste. Wenn die Variante *Ungedüngt* nicht berücksichtigt wurde, dann bestand zwischen den Nitrifikationsraten und den CH_4-Oxidationsraten der Kontrollen eine enge, negative Korrelation ($r = -0,92$, $n = 9$), bei Einbeziehung aller Düngungsvarianten lag keine Beziehung vor ($r = -0,35$, $n = 12$). Die Substratzugabe (NH_4Cl) förderte insbesondere in der Stallmistvariante die Aktivität der Nitrifikanten, gefolgt von der *NPK*-Variante. Zwischen den CH_4-Oxidationsraten in den Kontrollen und den Nitrifikationsraten nach Substratzugabe bestand keine Beziehung ($r = 0,22$, $n = 12$). Die NaCl-Zufuhr veränderte die Aktivität der Nitrifikanten nur unwesentlich, die Rate war gegenüber der Kontrolle tendenziell erhöht.

Tab. 1. CH_4-Oxidationsraten zu Beginn der Inkubation und Netto-Nitrifikationsraten in Düngungsvarianten auf dem Teilstück Roggen des „Ewigen Roggenbaus" nach Applikation von NH_4Cl (40 mg N je kg) bzw. NaCl im Vergleich zur unbehandelten Kontrolle. Mittelwerte ($n = 3$) ± SD sind angegeben.

	Behand-lung	Langzeitdüngungsvarianten			
		Ungedüngt	*PK*	*NPK*	*Stallmist*
CH_4-Oxidations-rate [µgC/(kg · d)]	NH_4Cl	0,5 ± 0,2	0,6 ± 0,1	0,1 ± 0,2	0,5 ± 0,1
	Kontrolle	1,5 ± 0,2	6,7 ± 0,5	1,1 ± 0,2	2,6 ± 0,5
	NaCl	0,8 ± 0,1	6,0 ± 0,3	0,9 ± 0,2	2,2 ± 0,3
Netto-Nitrifika-tionsrate [mg NO_3^--N/ (kg · d)]	NH_4Cl	1,18 ± 0,04	4,16 ± 0,09	4,47 ± 0,08	5,79 ± 0,27
	Kontrolle	0,08 ± 0,00	0,15 ± 0,04	0,38 ± 0,07	0,34 ± 0,02
	NaCl	0,12 ± 0,02	0,19 ± 0,02	0,40 ± 0,08	0,40 ± 0,06

Die CH_4-Oxidationsfähigkeit von Bodenproben der *NPK*-Parzellen mit Roggen- oder Maisdaueranbau konnte durch Inkubation mit 20 Vol.-% CH_4 wesentlich gesteigert werden im Vergleich zu Proben unter atmosphärischer CH_4-Konzentration (2 µl/l CH_4). Die Oxidationsraten wurden bei einer Start-CH_4-Konzentration von 10 µl/l CH_4 bestimmt. Eine erste deutliche Steigerung konnte nach 14tägiger

Inkubation in der Variante *Roggen/NPK* verzeichnet werden, die bei *Mais/NPK* etwa sieben Tage später erzielt wurde. Nach 30 Tagen waren die Oxidationsraten auf 54,9 ($\pm$ 7,9) bzw. 51,3 ($\pm$ 8,1) µg CH_4-C/(kg $\cdot$ d) in den *NPK*-Varianten unter Roggen und Mais angestiegen, was einer 17- bzw. 40fachen Erhöhung gegenüber der Kontrolle unter atmosphärischer CH_4-Konzentration entspricht (3,2 $\pm$ 0,2 bzw. 1,3 $\pm$ 0,0 µg CH_4-C/(kg $\cdot$ d)).

Die mit der MPN-Methode ermittelten Zellzahlen methanotropher Bakterien sind für zwei separate Versuchsansätze in Tab. 2 aufgeführt. Die bei weitem höchste Zellzahl wurde in der ungedüngten Variante festgestellt, gefolgt von den Varianten *NPK*, *Stallmist* und *PK*. Die Werte waren gut reproduzierbar. Die Standardfehler lagen zwischen 11 und 39 %, und damit in einer Größenordnung, die für derartige Schätzmethoden durchaus üblich ist. Interessanterweise bestand zwischen den *NPK*-Varianten unter Roggen und Mais kein Unterschied.

Tab. 2. Mit der MPN-Methode ermittelte Zellzahlen methanotropher Bakterien [10^3 Zellen je Gramm trockener Boden] in Düngungsvarianten des „Ewigen Roggenbaus". Mittelwerte (n = 4) $\pm$ Standardfehler (SE) in Prozent sind angegeben.

Teil-stück	Dauer-düngungs-variante	Versuchsansatz			
		\(1\)		\(2\)	
		MW	SE	MW	SE
Roggen	*Ungedüngt*	474	31	442	19
	PK	81	15	98	11
	NPK	276	39	301	19
	Stallmist	141	18	154	25
Mais	*NPK*	327	25	318	33

Die Gegenläufigkeit der Zellzahlen methanotropher Bakterien und der im Inkubationsversuch bestimmten CH_4-Oxidationsraten der unbehandelten Kontrollen (vgl. Tab. 1) geht aus Abb. 2 deutlich hervor. Varianten mit hohen Oxidationsraten zeichneten sich durch niedrige Zellzahlen aus und umgekehrt. Es bestand eine negative Beziehung zwischen den CH_4-Abbauraten und der Anzahl methanotropher Bakterien (r = –0,74, n = 4).

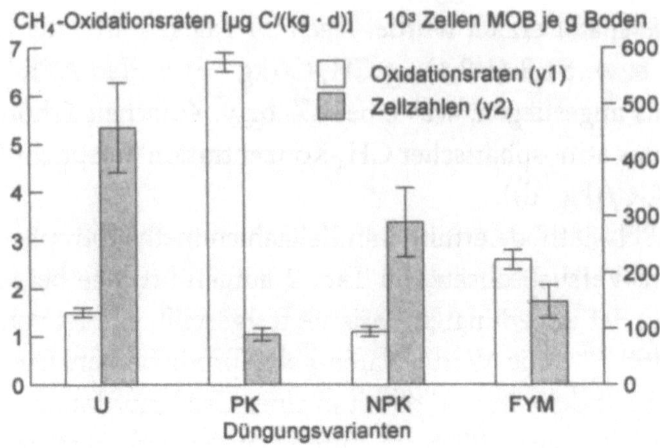

Abb. 2. Gegenüberstellung der Zellzahlen methanotropher Bakterien (MOB) und der CH_4-Oxidationsraten der unbehandelten Kontrollen; Mittelwerte ($n = 8$ bzw. $n = 3$) ± SE sind angegeben.

Diskussion

Aus den Untersuchungen der Düngungsvarianten *PK*, *NPK* und *Stallmist* ohne Substratzugabe ging eine enge, negative Korrelation zwischen der CH_4-Oxidation und der Nitrifikation hervor ($r = -0,92$, $n = 9$). Die Nitratbildung kann indirekt als Maß für die Ammonium-Oxidation herangezogen werden, da während der Inkubation nur sehr geringe Konzentrationen an Nitrit vorlagen (in den unbehandelten Kontrollen ≤ 0.04 mg NO_2^--N je Kilogramm Boden). Wenn der CH_4-Abbau durch Ammonium-Oxidierer bewerkstelligt würde, dann wäre eine positive Beziehung zwischen der CH_4-Oxidation und der Nitrifikation zu erwarten gewesen. Ebenso dürften sich dann nach NH_4^+-Zugabe die beiden Prozesse nicht weitgehend ausschließen, wie an den Düngungsvarianten des Sandbodens in Halle als auch an einem Lehmboden festgestellt wurde (HÜTSCH 1998). Als zusätzliches Indiz dafür, daß CH_4-Oxidation und Nitrifikation von verschiedenen Mikroorganismen durchgeführt werden, ist das Ergebnis zu werten, daß beide Prozesse auf die Zufuhr von NaCl in unterschiedlicher Weise reagiert haben: der CH_4-Abbau war etwas gehemmt (bei *U* starke Hemmung), die Nitratbildung dagegen geringfügig gefördert (Tab. 1). Die Schlußfolgerung, daß die methanotrophen Bakterien für den Abbau von atmosphärischem CH_4 verantwortlich sind und nicht die Ammonium-Oxidierer, läßt sich durch verschiedene Experimente aus der Literatur untermauern. In

Untersuchungen von SCHNELL und KING (1995) wurde ein Waldboden bei 0,03 µl/l CH$_4$ inkubiert. Nach einer Inkubationsdauer von zehn bis zwölf Wochen verlor der Waldboden bei dieser niedrigen CH$_4$-Konzentration die Kapazität zum CH$_4$-Abbau vollständig, bei 1,7 µl/l CH$_4$ wurde jedoch über den gesamten Zeitraum eine konstante Oxidationsrate beobachtet. Bei Involvierung Ammonium-oxidierender Bakterien, die das CH$_4$ aufgrund ihrer geringen Substratspezifität nur co-oxidieren ohne es zum Wachstum zu nutzen, wäre aufgrund geringer Konzentrationen (0,03 µl/l CH$_4$) keine Inaktivierung des CH$_4$-Abbaues eingetreten. Des weiteren geht aus Experimenten von BENDER und CONRAD (1994 a) hervor, daß die CH$_4$-Oxidation durch die Vorinkubation mit 20 Vol.-% CH$_4$ stimuliert wurde, jedoch nicht durch die Vorinkubation mit NH$_4^+$. Auch dieses Ergebnis spricht für eine CH$_4$-Oxidation durch methanotrophe und nicht durch nitrifizierende Bakterien. Ebenso kommen ROSLEV *et al.* (1997) in ihren Untersuchungen zum Schluß, daß Nitrifikanten für die Oxidation von atmosphärischem CH$_4$ nur eine begrenzte Bedeutung haben.

Die inverse Beziehung zwischen der Anzahl Methan-oxidierender Bakterien und der Fähigkeit der Böden zur CH$_4$-Oxidation ($r = -0,74$) war nicht erwartet worden und erscheint zunächst unverständlich. BENDER und CONRAD (1994 b) fanden keine Beziehung, wenn die Oxidationsraten mit niedrigen CH$_4$-Konzentrationen ermittelt wurden (z. B. 2 oder 10 µl/l CH$_4$). Die Aktivität der bisher noch unbekannten methanotrophen Population, die für die Oxidation von atmosphärischem CH$_4$ verantwortlich ist und sich durch eine hohe Affinität zum Substrat auszeichnet, wird wesentlich gesteigert, wenn der Boden erhöhten CH$_4$-Konzentrationen ausgesetzt ist. Diese nach BENDER und CONRAD (1995) sogenannte „Induktion der CH$_4$-Oxidationsaktivität" tritt nach einer lag-Phase von etwa 15 Tagen auf und findet bei Konzentrationen über 100...1000 µl/l CH$_4$ statt. Auch in den eigenen Untersuchungen konnte nach einer lag-Phase von zwei bis drei Wochen eine wesentliche Aktivitätssteigerung nach Inkubation mit 20 Vol.-% CH$_4$ festgestellt werden, also unter Bedingungen, die mit denen zur Ermittlung der Zellzahl methanotropher Bakterien identisch sind (MPN-Technik). Es ist nicht auszuschließen, daß die MPN-Schätzungen auch Dauerformen oder inaktive Stadien der Bakterien beinhalten (BENDER und CONRAD 1992). Gerade bei den Methan-oxidierenden Bakterien, die in ihren natürlichen Umgebungen nur an die Nutzung von CH$_4$ angepaßt sind, ist die Dauerformenbildung (Exosporen und Zysten) als Überlebensstrategie anzusehen (WHITTENBURY *et al.* 1970). Dadurch wird die prekäre Situation dieser Organismen, nämlich sich nur auf ein Wachstumssubstrat verlassen zu müssen, abgeschwächt.

Literaturverzeichnis

BEDARD, C.; KNOWLES, R., 1989: Physiology, biochemistry, and specific inhibitors of CH_4, NH_4^+, and CO oxidation by methanotrophs and nitrifiers. *Microbiology Review* 53, 68-84.

BENDER, M.; CONRAD, R., 1992: Kinetics of CH_4 oxidation in oxic soils exposed to ambient air or high CH_4 mixing ratios. *FEMS Microbiolocial Ecology* 101, 261-270.

BENDER, M.; CONRAD, R., 1994 a: Microbial oxidation of methane, ammonium and carbon monoxide, and turnover of nitrous oxide and nitric oxide in soils. *Biogeochemistry* 27, 97-112.

BENDER, M.; CONRAD, R., 1994 b: Methane oxidation activity in various soils and freshwater sediments: occurrence, characteristics, vertical profiles, and distribution on grain size fractions. *Journal of Geophysical Research* 99, 16531-16540.

BENDER, M.; CONRAD, R., 1995: Effect of CH_4 concentrations and soil conditions on the induction of CH_4 oxidation activity. *Soil Biology and Biochemistry* 27, 1517-1527.

BOECKX, P.; VAN CLEEMPUT, O., 1996: Methane oxidation in a neutral landfill cover soil: influence of moisture content, temperature, and nitrogen-turnover. *Journal of Environmental Quality* 25,178-183.

FLESSA, H.; PFAU, W.; DÖRSCH, P.; BEESE, F., 1996: The influence of nitrate and ammonium fertilization on N_2O release and CH_4 uptake of a well-drained topsoil demonstrated by a soil microcosm experiment. *Zeitschrift für Pflanzenernährung und Bodenkunde* 159, 499-503.

HANSON, R. S.; HANSON, T. E., 1996: Methanotrophic Bacteria. *Microbiology Review* 60, 439-471.

HÜTSCH, B. W., 1996: Methane oxidation in soils of two long-term fertilization experiments in Germany. *Soil Biology and Biochemistry* 28, 773-782.

HÜTSCH, B. W., 1998: Methane oxidation in arable soil as inhibited by ammonium, nitrite, and organic manure with respect to soil pH. *Biology and Fertility of Soils* 28, 27-35.

HÜTSCH, B. W., 2001: Methane oxidation, nitrification, and counts of methanotrophic bacteria in soils from a long-term fertilization experiment ("Ewiger Roggenbau" at Halle). *Journal of Plant Nutrition and Soil Science* 164, 21-28.

HÜTSCH, B. W.; WEBSTER, C. P.; POWLSON, D. S., 1993: Long-term effects of nitrogen fertilization on methane oxidation in soil of the Broadbalk Wheat Experiment. *Soil Biology and Biochemistry* 25, 1307-1315.

HÜTSCH, B. W.; WEBSTER, C. P.; POWLSON, D. S., 1994: Methane oxidation as affected by land use, soil pH and nitrogen fertilization. *Soil Biology and Biochemistry* 26, 1613-1622.

HÜTSCH, B. W.; RUSSELL, P.; MENGEL, K., 1996: CH_4 oxidation in two temperate arable soils as affected by nitrate and ammonium application. *Biology and Fertility of Soils* 23, 86–92.

MERBACH, W.; GARZ, J.; SCHLIEPHAKE, W.; STUMPE, H.; SCHMIDT, L., 2000: The long-term fertilization experiments in Halle (Saale), Germany – introduction and survey. *Journal of Plant Nutrition and Soil Science* 163, 627–636.

ROSLEV, P.; IVERSEN, N.; HENRIKSEN, K., 1997: Oxidation and assimilation of atmospheric methane by soil methane oxidizers. *Applied and Environmental Microbiology* 63, 874–880.

ROWE, R.; TODD, R.; WAIDE, J., 1977: Microtechnique for Most-Probable-Number analysis. *Applied and Environmental Microbiology* 33, 675–680.

SCHMIDT, L.; WARNSTORFF, K.; DÖRFEL, H.; LEINWEBER, P.; MERBACH, W., 2000: The influence of fertilization and rotation on soil and plants in the long-term Eternal Rye Trial in Halle (Saale), Germany. *Journal of Plant Nutrition and Soil Science* 163, 637–646.

SCHNELL, S.; KING, G. M., 1995: Stability of methane oxidation capacity to variations in methane and nutrient concentrations. *FEMS Microbiological Ecology* 17, 285–294.

WHITTENBURY, R.; PHILLIPS, K. C.; WILKINSON, J. F., 1970: Enrichment, isolation and some properties of methane-utilizing bacteria. *Journal of Genetic Microbiology* 61, 205–218.

Durchwurzelung, Rhizodeposition und Pflanzenverfügbarkeit von Nährstoffen und Schwermetallen
12. Borkheider Seminar zur Ökophysiologie des Wurzelraumes
Hrsg.: W. Merbach, B. W. Hütsch, L. Wittenmayer, J. Augustin
B. G. Teubner – Stuttgart · Leipzig · Wiesbaden (2002), S. 84–89

Total and Labelled CO_2 Emission and ^{14}C Partitioning as Affected by Streptomycin and Benomyl

Grzegorz DOMAŃSKI[*,‡], Yakov KUZYAKOV[*], and Karl STAHR[*]
[*])University of Hohenheim, Institute of Soil Science and Land Evaluation (310),
D-70593 Stuttgart, Germany; [‡])Institute of Agrophysics, Doświadczalna 4,
20290 Lublin, Poland

Abstract

Application of an antibiotic (streptomycin) and a fungicide (benomyl) in order to separate root respiration and microbial respiration of exudates was tested using two plant species (ryegrass and spring wheat) growing on a Haplic Luvisol. Both xenobiotics were added to the soil with growing plants either separately or in combination. Plants were ^{14}C-pulse labelled and both labelled and total CO_2 emission from soil were measured. After seven days plants were harvested, dried and total carbon and ^{14}C content in shoots and roots were determined.

Growing plants increased the total CO_2 emission from soil by about 2.5 times in comparison to unplanted soil. The temporal pattern of $^{14}CO_2$ evolution in control treatments was similar as reported in the literature with maximum emission rates (0.55 % and 0.15 % of assimilated ^{14}C per hour for wheat and ryegrass, respectively) during the first day after labelling. It was affected by both xenobiotics used but in different ways. With ryegrass streptomycin decreased $^{14}CO_2$ emission rates during the first day after labelling, while it left the second phase of tracer emission unchanged; with spring wheat the $^{14}CO_2$ evolution rates were reduced on the second day. Applied xenobiotics did not change the ^{14}C content in the shoots, but smaller tracer amounts were found in the roots and in soil-derived CO_2. This was more pronounced for ryegrass than for spring wheat plants.

Introduction

The observation of $^{14}CO_2$ evolution from soil after pulse labelling of plants is one possibility to gain information about C flows through plants, soil and soil microorganisms. It can also be used to calculate the contribution of roots and soil microflora to total CO_2 emission from soil (KUZYAKOV *et al.* 2001, KUZYAKOV and DOMAŃSKI 2000). A model, developed during previous studies, assumed an earlier appearance of labelled root-derived CO_2 than labelled CO_2 originating from microbial decomposition of exudates (DOMAŃSKI *et al.* 1999, KUZYAKOV *et al.* 2001, DOMAŃSKI *et al.* 2001). This assumption allows the use of another method to separate root respiration and decomposition of exudates: the application of substances inhibiting microbial growth and/or respiration (antibiotics). Such substances are often successfully used when microorganisms grow in liquid or solid laboratory media (nutrient solution, agar plates, etc.).

However, the application of antibiotics to soil containing growing plants yielded controversial results. On one hand, soil needs much higher amounts of applied antibiotics, mainly due to its strong adsorption capabilities. High concentration of antibiotics in the soil could switch off not only microbial growth and respiration but could also cause impairment of physiological processes in the roots. Subsequently, it would lead to false results and conclusions. On the other hand, commonly used antibiotics such as streptomycin or cycloheximide do not kill microbial cells but they only inhibit a specific biochemical pathway in the cell leaving microbial respiration unaffected. This can also lead to incorrect conclusions.

The objective of this work was to assess the possibility of inhibiting microbial decomposition of labelled exudates in soil by means of application of two antimicrobial agents: streptomycin and benomyl.

Materials and Methods

Seedlings of perennial ryegrass (*Lolium perenne* cv. 'Gremie') and spring wheat (*Triticum aestivum*) were grown on 410 g soil (Haplic Luvisol) with a final bulk density of 1.14 g/cm^3 under controlled laboratory conditions (Tab. 1). At time of labelling, the ryegrass plants were ten weeks old and the spring wheat plants were four weeks old. One day before labelling, plants were sealed at the soil surface using silicon rubber. Streptomycin and benomyl were added separately or in combination at the rate 10 mg per gram dry soil 6 h before labelling (LIN and BROOKS 1999, PAUL *et al.* 2001). $^{14}CO_2$ was generated by the addition of 3.5 M lactic acid to vials contai-

Table 1. Soil characteristics and growth conditions.

Parameter	value
Soil	
type	Haplic Luvisol
pH (CaCl$_2$)	6.8
C$_{org}$ [%]	1.2
N$_t$ [%]	0.13
CaCO$_3$ [%]	0
Growth conditions	
day length [h]	12
light intensity [µmol/(s · m^2)]	400
day/night temperature [°C]	27/22
soil moisture [% WHC]	60

ning $Na_2{}^{14}CO_3$. Plants were allowed to assimilate labelled CO_2 for 1.5 h. Soil-derived CO_2 was collected using 0.5 M NaOH solution which was changed twice a day during seven days. ^{14}C and total C content in CO_2, shoot and root tissues were measured. The following treatments were included: planted and unplanted control soils, with or without xenobiotics addition. All treatments included three replicates.

Results and Discussion

Total CO_2 emission

Growing plants increased total CO_2 emission from the soil by about 2.5 times, as shown in Fig. 1. Addition of benomyl resulted in about three times higher CO_2 emissions in comparison to treatments without fungicide application, whereas streptomycin had no effect. As reported in the literature, benomyl can degrade to carbendazim (MBC) within several hours in acidic or neutral waters, loosing its toxicity. Although benomyl and MBC are strongly adsorbed to loam particles, both compounds can also be decomposed by soil microflora. In contrast to the fungicide, streptomycin does not adsorb to loam, is stable at a pH around neutral and was not decomposed to such an extent as benomyl (Fig. 1). Extraction of soil samples with 0.5 M K_2SO_4 showed that samples containing streptomycin exhibited a 3 times higher concentration of dissolved organic carbon (DOC) compared to samples receiving the fungicide (data not shown). Also microbial biomass determined by the fumigation-extraction method was higher in treatments supplied with benomyl. This confirms the hypothesis that benomyl is degraded to non toxic derivates and serves as a source of carbon for soil microorganisms. The results presented are contradictory to literature data which showed that benomyl has a half life-time of six to twelve months when applied to soil (WAUCHOPE et al. 1992), and that a concentration as low as 2 ppm effectively inhibited fungal growth (PAUL et al. 2001).

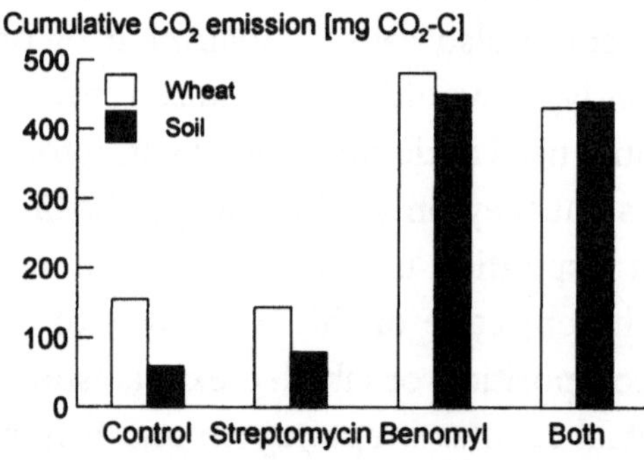

Figure 1. Cumulative CO_2 emission from the unplanted soil or from the soil planted with wheat and supplied with streptomycin and benomyl during seven days.

^{14}C-CO$_2$ evolution and ^{14}C partitioning between plant tissues

The ^{14}C pulse labelling of plants resulted in typical ^{14}CO$_2$ emission curves with maximum rates of 0.55 % and 0.15 % of assimilated ^{14}C per hour for wheat and ryegrass, respectively, occurring during the first 24 h after labelling (Fig. 2). After the peak of ^{14}C emission was reached, two phases of its diminishing can be identified. The first phase with an intensive decline lasted up to 72 and 48 h after labelling for wheat and ryegrass, respectively. After this time (second phase) only small changes were observed.

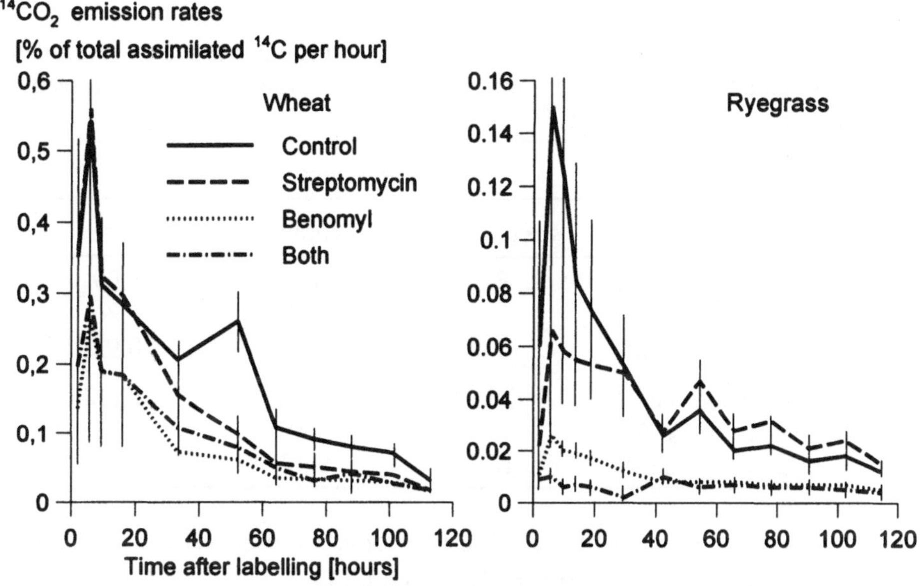

Figure 2. Dynamics of ^{14}CO$_2$ emission from soil planted with wheat and ryegrass during the first 120 hours. Bars indicate standard deviations of three replications.

Application of both streptomycin and benomyl revealed an impact on the ^{14}CO$_2$ emission. Streptomycin lowered ^{14}CO$_2$ emission rates more than 36 h after labelling of wheat and during the first 36 h in case of ryegrass. The latter results are in contradiction to assumptions on which our model is based (DOMAŃSKI *et al.* 1999, KUZYAKOV *et al.* 2001), although the model was developed using data from experiments conducted on ryegrass. Benomyl showed stronger effects on ^{14}CO$_2$ evolution rates (Fig. 2). It decreased ^{14}CO$_2$ emission rates during the whole measuring period. This reduction was greater for ryegrass than for wheat.

The reasons for such a pattern of ^{14}CO$_2$ evolution after streptomycin application and for differences between wheat and ryegrass are not clear. On one hand, this could indicate that the release of labelled exudates occurred simultaneously with respiration of labelled assimilates in root tissues of ryegrass while in wheat roots these two processes are separated in time. Another possibility is that the added antibiotic streptomycin did not only affect the soil microflora but also disturbed physiological processes in plant tissues. The effect of benomyl on $^{14}CO_2$ emission could be a result of the formation of toxic derivates, as indicated in the literature (PAUL *et al.* 2001). This was confirmed by analyses of total ^{14}C amounts found in the particular pools, and the observed differences between investigated plants (Tab. 2).

Table 2. ^{14}C partitioning between shoots, roots and soil-derived CO_2 seven days after pulse labelling. Data are means of three replications and are expressed as percentage of total assimilated ^{14}C.

Plant		Treatment			
		control	streptomycin	benomyl	both
Rye-	shoot	15.72	8.67	11.95	6.09
grass	root	5.21	3.42	0.97	0.36
	CO_2	5.25	5.00	1.45	0.92
Wheat	shoot	26.11	26.34	30.91	28.07
	root	9.91	3.62	6.66	5.13
	CO_2	22.91	16.79	9.57	11.51

Ryegrass was more susceptible to added xenobiotics than wheat, and less tracer was recovered in shoots, roots and soil-derived CO_2.

The decrease of ^{14}C content in roots and soil-derived $^{14}CO_2$ followed the pattern control > streptomycin > benomyl > both xenobiotics indicating increased toxicity of added compounds. This pattern of ^{14}C diminution was not found in the shoots, roots and soil-derived CO_2 of wheat. However a relationship between ^{14}C content in the roots and respired ^{14}C was found (Fig. 3).

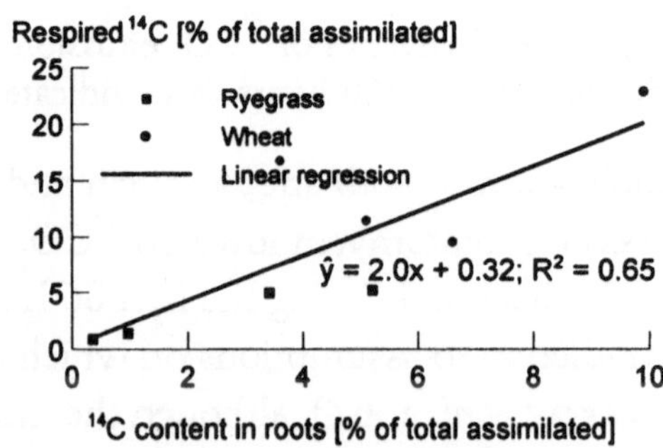

Figure 3. Correlation between ^{14}C content in the roots and ^{14}C amount evolved as CO_2 from the soil.

Conclusions

- Both xenobiotics used affected the total and labelled CO_2 emission from soil. Streptomycin had no effect on total CO_2 emission and decreased $^{14}CO_2$ emission, while addition of benomyl led to a three to eight times higher total CO_2 emission. Benomyl strongly diminished $^{14}CO_2$ emission from the soil and caused reduction of the tracer amount found in root tissues.
- The partitioning of assimilated tracer was changed depending on plant species and xenobiotic. Ryegrass seems to be more susceptible to both streptomycin and benomyl than wheat as indicated by lowered ^{14}C amounts found in all investigated compartments, whereas in wheat the xenobiotics changed only the belowground ^{14}C pools.
- As results obtained by means of the application of streptomycin and benomyl led to discrepancies with model assumptions, there is a need for more detailed investigations on the influence of different antimicrobial agents on microbial respiration as well on plant-related processes.

References

DOMAŃSKI, G.; KUZYAKOV, Y.; SINIAKINA, S. V.; STAHR, K., 2001: Carbon flows in the rhizosphere of ryegrass (*Lolium perenne*). *Journal of Plant Nutrition and Soil Science* 164, 381-387.

DOMAŃSKI, G.; KUZYAKOV, Y.; STAHR, K., 1999: Below ground carbon flows in rhizosphere of *Lolium perenne* as measured by ^{14}C pulse labelling. *Mitteilungen der Deutschen Bodenkundlichen Gesellschaft* 91, 755-758.

KUZYAKOV, Y.; DOMAŃSKI, G., 2000: Carbon input by plants into the soil. Review. *Journal of Plant Nutrition and Soil Science* 163, 421-431.

KUZYAKOV, Y.; EHRENSBERGER, H.; STAHR, K., 2001: Carbon partitioning and below-ground translocation by *Lolium perenne*. *Soil Biology and Biochemistry* 33, 61-74.

LIN, Q.; BROOKS, P. S., 1999: An evaluation of the substrate-induced respiration method. *Soil Biology and Biochemistry* 31, 1969-1983.

PAUL, A. L.; SEMER, C.; KUCHAREK, T.; FERL, R. J., 2001: The fungicidal and phytotoxic properties of benomyl and PPM in supplemented agar media supporting transgenic arabidopsis plants for a Space Shuttle flight experiment. *Applied Microbiology and Biotechnology* 55, 480-485.

WAUCHOPE, R. D.; BUTTLER, T. M.; HORNSBY, A. G.; AUGUSTIJN BECKERS, P. W. M.; BURT, J. P., 1992: The SCS/CES pesticide properties database for environmental decision-making. *Reviews of Environmental Contamination and Toxicology* 123: 1-164.

4

Zusammensetzung und Funktion wurzelbürtiger Verbindungen

Durchwurzelung, Rhizodeposition und Pflanzenverfügbarkeit von Nährstoffen und Schwermetallen
12. Borkheider Seminar zur Ökophysiologie des Wurzelraumes
Hrsg.: W. Merbach, B. W. Hütsch, L. Wittenmayer, J. Augustin
B. G. Teubner – Stuttgart · Leipzig · Wiesbaden (2002), S. 93–99

Arylsulfatase-Aktivität in der Rhizosphäre von Raps und Weizen

Kay DOMEYER und Heinrich W. SCHERER
Agrikulturchemisches Institut der Rheinischen Friedrich-Wilhelms-Universität
Bonn, Karlrobert-Kreiten-Straße 13, D-53115 Bonn; E-Mail: h.scherer@uni-bonn.de

Abstract

In the present investigations the influence of the microbiological activity, the pH-value and the influence of the sulfur nutrition of rape and winter wheat on arylsulfatase activity in the rhizosphere were investigated. The arylsulfatase activity showed relationships with both the pH-value of the soil and to a lower degree with the microbiological activity in the plant rhizosphere. Increasing SO_4-concentrations resulted in a decreasing enzyme activity.

Einleitung

Da der anthropogen bedingte Schwefel-Eintrag, zumindest in Mitteleuropa, stark rückläufig ist, wird zukünftig die Mineralisierung von schwefelhaltigen organischen Verbindungen eine immer wichtigere Rolle für die S-Versorgung von Kulturpflanzen spielen. Den Sulfatasen, speziell der Arylsulfatase (Arylsulfatsulfohydrolase, EC 3.1.6.1.), gilt hierbei das Hauptaugenmerk, da der größte Teil des organisch gebundenen Schwefels in Form von Estersulfaten vorliegt und deren Hydrolyse enzymatisch katalysiert wird. Da in der Rhizosphäre von einer erhöhten mikrobiellen Aktivität auszugehen ist, konzentrierten sich die durchgeführten Untersuchungen auf die Arylsulfataseaktivität im Kontaktraum Boden/Wurzeln. Folgende Fragen standen im Mittelpunkt der Untersuchungen:

Besteht eine Beziehung zwischen der mikrobiellen Aktivität und der Arylsulfatase-Aktivität?

Als wichtige Einflußfaktoren auf die Arylsulfatase-Aktivität werden in der Literatur u.a. die Fruchtfolge und das Einarbeiten von Ernteresten genannt (DENG und TABATABAI 1997, KLOSE et al. 1999), und von mehreren Autoren wurde eine signifikante Korrelation zwischen dem C-Gehalt des Bodens und der Enzymaktivität nachgewiesen (SARATCHANDRA und PERROT 1981, KNAUFF und SCHERER

1998). Diese höhere Enzymaktivität könnte auf die von FRIEDEL *et al.* (1996) in langjährigen Feldversuchen, bei denen große Mengen an Ernteresten in den Boden eingearbeitet wurden, nachgewiesene hohe mikrobielle Aktivität dieser Standorte zurückzuführen sein. Da die Arylsulfatasen größtenteils mikrobiellen Ursprungs sein sollen (NICHOLLS und ROY 1971, DODGSON *et al.* 1982) und vermutlich die Mikrobenaktivität in dem in den vorliegenden Untersuchungen eingesetzten Boden durch die geringe C-Verfügbarkeit aufgrund langjähriger ausschließlicher Mineraldüngung gering sein dürfte, sollte in der vorliegenden Arbeit überprüft werden, ob durch ein entsprechendes Nahrungsangebot in Form von Glucose über eine Steigerung der mikrobiellen Aktivität die Arylsulfatase-Aktivität beeinflußt wird.

Wird die Arylsulfatase-Aktivität vom pH-Wert in der Rhizosphäre beeinflußt?

In den vorliegenden Untersuchungen sollte überprüft werden, welchen Einfluß der pH-Wert des Bodens auf die Arylsulfatase-Aktivität ausübt, da hierzu in der Literatur kaum Untersuchungsergebnisse vorliegen. TABATABAI und BREMNER (1970a, b) konnten keinen Einfluß des pH-Wertes (in die Untersuchungen wurden dreizehn Böden mit pH-Werten zwischen 5,9 und 8,0 einbezogen) auf die Aktivität dieses Enzyms feststellen. In Wurzeln unter sterilen Bedingungen angezogener Rapswurzeln ermittelte KNAUFF (2000) die höchste Arylsulfatase-Aktivität bei pH-Werten von 5,5 bzw. 8,0. Allerdings konnte nicht geklärt werden, ob ein Enzym mit zwei pH-Optima existiert oder wie bei der Phosphatase Isoenzyme existieren.

Welchen Einfluß übt die S-Versorgung der Pflanze auf die Arylsulfatase-Aktivität aus?

Über den Einfluß des SO_4-Gehaltes im Boden auf die Arylsulfatase-Aktivität liegen in der Literatur widersprüchliche Ergebnisse vor. Während nach Untersuchungen von TABATABAI und BREMNER (1970a, b) steigende SO_4-Gaben keinen Einfluß auf die Arylsulfatase-Aktivität ausüben sollen, zeigen Arbeiten von TAKABE (1961) und GANESHAMURTHY und NIELSEN (1990), daß steigende SO_4-Gaben sogar eine zumindest leicht stimulierende Wirkung auf die Arylsulfatase ausüben. AL-KHAFAJI und TABATABAI (1976) berichten dagegen, daß beim Abbau von organischer Substanz freigesetztes SO_4^{2-} die Arylsulfatase hemmt.

Material und Methoden

Der Versuchsboden (Oberboden einer Parabraunerde aus Löß, 16 % Ton, pH ($CaCl_2$) 5,9) stammt von einer Mineraldüngungsvariante eines seit 1962 laufenden

Dauerfeldversuchs des Agrikulturchemischen Instituts der Universität Bonn. Der Boden wurde luftgetrocknet und auf 0,5 mm abgesiebt. Um Boden in definierten Abständen von der Wurzeloberfläche gewinnen zu können, wurden die von KNAUFF und SCHERER (1998) entwickelten Versuchsgefäße verwendet. Die beiden äußeren Kompartimente der Versuchsgefäße wurden mit dem Versuchsboden und das innere Kompartiment mit gewaschenem Quarzsand (0,63...1,00 mm) befüllt. Die Bewässerung der Versuchsgefäße erfolgte über keramische Platten, wobei sich der Wassergehalt des Bodens zwischen 78 und 86 % der maximalen Wasserkapazität bewegte. Die Pflanzen wurden unter kontrollierten Bedingungen in einem Brutschrank angezogen (12 h Licht/12 h Dunkelheit; Tagestemperatur 20° C, Nachttemperatur 15° C). 14 Tage nach dem Auflaufen der Pflanzen wurde der Boden der beiden äußeren Kompartimente nach Tiefgefrieren in flüssiger Luft mittels Drehbank in Segmente von 1 mm Stärke geschnitten. Die Arylsulfatase wurde nach der Methode von TABATABAI und BREMNER (1970a) bestimmt.

Zur Klärung der oben erwähnten Fragen wurden folgende Versuche durchgeführt: Zugabe von 0, 500, 1000 und 2000 mg Glucose je Kilogramm Boden zur Stimulierung der mikrobiellen Aktivität; der Boden blieb ohne Bewuchs bzw. es wurden Raps und Winterweizen angebaut.

Zugabe von 100 mg N je Kilogramm als $Ca(NO_3)_2 \cdot 4\,H_2O$ bzw. NH_4Cl direkt in den Quarzsand (die Kontrollvariante blieb ohne N-Zufuhr), um Rhizosphärenboden mit unterschiedlichem pH-Werten zu gewinnen; als Versuchspflanzen dienten Raps und Winterweizen.

Zugabe von jeweils 0, 2,5, 5, 10, 20, 40, 60 und 80 mg SO_4-S als K_2SO_4 je Kilogramm Boden in eine der beiden Gefäßhälften, die andere Hälfte blieb ohne S-Zufuhr; hierdurch sollte erreicht werden, daß Rapspflanzen mit steigenden S-Gehalten und gleichzeitig Boden mit gleichem S-Gehalt vorlagen. Da nach STOTT und HAGEDORN (1980) eine schwache Korrelation zwischen Arylsulfatase-Aktivität und dem Gehalt an pflanzenverfügbarem K besteht, wurden alle Gefäßhälften mittels KCl auf den K-Gehalt eingestellt, der mit der höchsten S-Düngergabe verabreicht worden war.

Ergebnisse und Diskussion

Mikrobielle Aktivität

In den vorliegenden Untersuchungen stieg die Arylsulfatase-Aktivität im unbewachsenen Boden durch die Glucose-Zufuhr nur ganz unwesentlich an (Abb. 1). Beim Weizen hingegen konnte ein Anstieg der Arylsulfatase-Aktivität bis zu einer Glucose-Gabe von 1000 mg je Kilogramm Boden nachgewiesen werden, danach war ein geringfügiger Abfall zu verzeichnen. Beim Raps dagegen wurde lediglich in der zweiten Steigerungsstufe eine statistisch absicherbare höhere mittlere Arylsulfatase-Aktivität gegenüber der Kontrolle ermittelt.

Nach Untersuchungen von FRENEY *et al.* (1975) soll die Mineralisierung organischer S-Verbindungen unter Pflanzenbewuchs höher sein als unter Brache. Die Ursache hierfür ist nicht bekannt, es wird aber vermutet, daß sowohl die höhere Mikrobendichte als auch die höhere mikrobielle Aktivität im bewachsenen Boden hierfür verantwortlich sind. Auf den Einfluß der angebauten Pflanzen auf die Arylsulfatase-Aktivität weisen FRIEDEL *et al.* (1996) und DENG und TABATABAI (1997) hin. So wurde in einer Getreide-Grünland-Rotation im Vergleich zu einer Mais- oder Sojamonokultur eine höhere Enzymaktivität nachgewiesen, was auf die unterschiedliche Abbaubarkeit der Erntereste und die dadurch bedingte unterschiedliche mikrobielle Aktivität zurückgeführt wird. In den eigenen Untersuchungen konnte gezeigt werden (Ergebnisse nicht dargestellt), daß bei den beiden niedrigen Glucosegaben bei beiden Pflanzenarten im direkten Kontaktraum Wurzeln/Boden die höchste Enzymaktivität gemessen wurde. In diesem Raum dürfte auch aufgrund der Abscheidung leicht verfügbarer organischer Verbindungen mit der höchsten Mikrobendichte und mikrobiellen Aktivität zu rechnen sein. Zur Klärung des Rückgangs der Arylsulfatase-Aktivität bei der höchsten Glucosegabe bedarf es noch weiterer Untersuchungen.

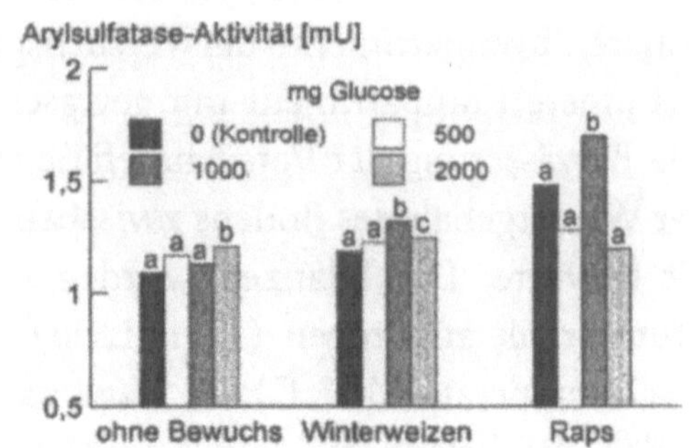

Abb. 1. Mittlere Arylsulfatase-Aktivität in Abhängigkeit von der Glucose-Gabe. Verschiedene Buchstaben zeigen signifikante Unterschiede zwischen den Varianten.

*p*H-Wert in der Rhizosphäre

Durch den Einsatz eines physiologisch sauren bzw. alkalischen N-Düngers sollte der *p*H-Wert im unmittelbaren Kontaktraum Wurzeln/Boden unterschiedlich eingestellt werden, was auch zwei Wochen nach Auflaufen der Pflanzen erreicht wurde (Tab. 1). Beim Raps lag der *p*H-Wert in 1 mm Entfernung von der Wurzeloberfläche bei Zufuhr von $Ca(NO_3)_2$ bei 6,1 und bei Zufuhr von NH_4Cl bei 5,9, während beim Weizen *p*H-Werte von 7,1 bzw. 5,7 vorlagen. Diese Unterschiede spiegeln sich wiederum ganz deutlich in der ermittelten Arylsulfatase-Aktivität in unmittelbarer Wurzelnähe wider. Sie war bei beiden Pflanzenarten bei dem höheren pH-Wert niedriger. Interessant ist dabei die Beobachtung, daß beim Weizen, bei dem die Düngung mit $Ca(NO_3)_2$ im Vergleich zum Raps zu einem stärkeren pH-Anstieg in Wurzelnähe führte, eine geringere Arylsulfatase-Aktivität ermittelt wurde. Dies steht allerdings im Widerspruch zu der Aussage von TATE (1995), der von der höchsten S-Mineralisierungsrate im neutralen Bereich berichtet.

Tab. 1. pH-Werte und Arylsulfatase-Aktivität (ASA) in 1 mm Wurzelentfernung ($n = 3$).

Pflan- zenart	Parameter	N-Nährsalz	
		$Ca(NO_3)_2$	NH_4Cl
Raps	pH	6,1 ± 0,0	5,9 ± 0,0
	ASA [mU]	1,5 ± 0,1	2,1 ± 0,5
Winter- weizen	pH	7,1 ± 0,3	5,7 ± 0,3
	ASA [mU]	1,3 ± 0,2	1,9 ± 0,1

Einfluß der Schwefelversorgung

Unabhängig davon, ob in den eigenen Untersuchungen Schwefel in das entsprechende Bodenkompartiment eingemischt wurde oder nicht, ist bis zu einer SO_4-S-Zugabe von 5 mg je Kilogramm Boden mit einer Ausnahme kein Einfluß der Höhe der SO_4-Zufuhr auf die Arylsulfatase-Aktivität festzustellen (Abb. 2). Danach nimmt die Aktivität dieses Enzyms mit steigender SO_4-Zufuhr kontinuierlich ab. Interessanterweise ist dabei bei jeder S-Versorgungstufe die Enzymaktivität jeweils in der nicht mit S-versorgten Kammer höher als in der Kammer mit dem S-gedüngten Boden. Die Unterschiede zwischen der

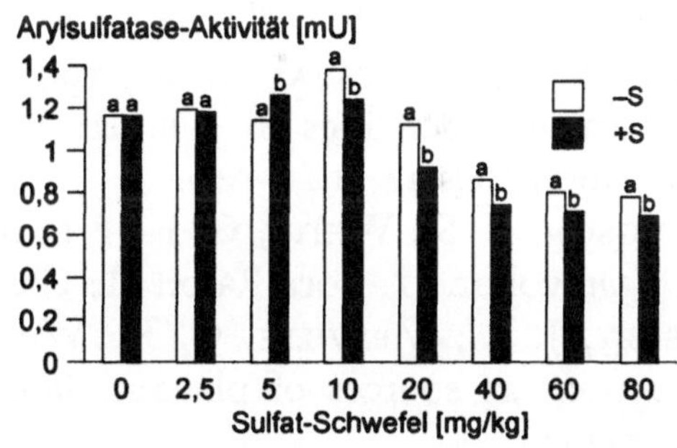

Abb. 2. Vergleich der Arylsulfatase-Aktivität in der Rhizosphäre von Raps in Abhängigkeit von der gesteigerten SO_4-Düngung (–S: Bodenkompartiment ohne S-Gabe; +S: Bodenkompartiment mit S-Gabe; unterschiedliche Buchstaben kennzeichnen signifikante Unterschiede zwischen den Varianten).

Arylsulfatase-Aktivität in dem mit SO_4-gedüngten und dem nicht mit SO_4-gedüngten Boden sind mit Ausnahme der Variante mit 2,5 mg SO_4-S je Kilogramm Boden jeweils signifikant (P < 0,05). Korrelationsrechnungen (P < 0,05) zwischen der

Menge an zugeführten SO$_4$-S und der Arylsulfatase-Aktivität erbrachten folgendes Ergebnis: Bodenkompartiment ohne SO$_4$-Zufuhr: $r = -0,88$; Bodenkompartiment mit SO$_4$-Zufuhr: $r = -0,91$. Aus den Ergebnissen lassen sich folgende Schlußfolgerungen ziehen:

- die Arylsulfatase-Aktivität hängt von der SO$_4$-Konzentration im Boden ab,
- steigende SO$_4$-Konzentrationen im Boden bewirken einen Rückgang der Arylsulfatase-Aktivität und
- die Arylsulfatase-Aktivität scheint von der S-Versorgung der Pflanze beeinflußt zu werden.

Aufgrund der gewählten Versuchsanordnung war nämlich gewährleistet, daß Pflanzen mit unterschiedlichen S-Gehalten angezogen werden konnten und gleichzeitig Boden gewonnen wurde, der sich im ursprünglichen SO$_4$-Gehalt nicht unterschieden hat. Selbst in den nicht mit S versorgten Bodenkompartimenten geht die Enzymaktivität im Boden zurück. Aus diesen Ergebnissen läßt sich ein Einfluß der S-Versorgung der Pflanze auf die Arylsulfatase-Aktivität ableiten.

Literaturverzeichnis

AL-KHAFAJI, A. A.; TABATABAI, M. A., 1976: Effect of trace elements on arylsulfatase activity in soils. *Soil Science* 127, 129-133.

DENG, S. P.; TABATABAI, M. A., 1997: Effect of tillage and residue management on enzyme activities in soil: III Phosphatases and arylsulfatase. *Biology and Fertility of Soils* 24, 141-146.

DODGSON, K. S.; WHITE, G. F.; FITZGERALD, J. W., 1982: *Sulfatases of Microbial Origin.* volume 1. Boca Raton FL: CRC Press Inc.

FRENEY, J. R.; MELVILLE, G. E.; WILLIAMS, C. H., 1975: Soil organic matter fractions as sources of plant-available sulphur. *Soil Biology and Biochemistry* 7, 217-221.

FRIEDEL, J. K.; MUNCH, J. C.; FISCHER, W. R., 1996: Soil microbial properties and the assessment of available soil organic matter in a haplic luvisol after several years of different cultivation and crop rotation. *Soil Biology and Biochemistry* 28, 479-488.

GANESHAMURTHY, A. N.; NIELSEN, N. E., 1990: Arylsulphatase and the biochemical mineralization of soil organic sulphur. *Soil Biology and Biochemistry* 22, 1163-1165.

KLOSE, S.; MOORE, J. M.; TABATABAI, M. A., 1999: Arylsulfatase activity of microbial biomass in soils as affected by cropping systems. *Biology and Fertility of Soils* 29, 46-54.

KNAUFF, U.; SCHERER, H. W., 1998: Arylsulfatase-Aktivität im Kontaktraum Boden/Wurzeln bei verschiedenen landwirtschaftlichen Kulturpflanzen. In: W.

Merbach (Hrsg.) *Pflanzenernährung, Wurzelleistung und Exsudation.* Stuttgart, Leipzig: B. G. Teubner, 196-204.

KNAUFF, U., 2000: *Umsetzung organischer Schwefelverbindungen in der Rhizosphäre verschiedener landwirtschaftlicher Kulturpflanzen.* Dissertation, Universität Bonn.

NICHOLLS, R. G.; ROY, A. B., 1971: Arylsulfatases. In: P. D. Boyer *The Enzymes,* Volume 5, New York: Academic Press, 21-41.

STOTT, D. E.; HAGEDORN, C., 1980: Interrelations between selected soil characteristics and arylsulfatase and urease activities. *Communications in Soil Science Plant Analysis* 11, 935-955.

TABATABAI, M. A.; BREMNER, J. M., 1970a: Arylsulfatase activity of soils. *Soil Science Society of America Proceedings* 34, 225-229.

TABATABAI, M. A.; BREMNER, J. M., 1970b:Factors affecting soil arylsulfatase activity. *Soil Science Society of America Proceedings* 34, 427-429.

TATE, R. L., 1995: *Soil Microbiology.* New York: John Wiley and Sons, Inc.

Durchwurzelung, Rhizodeposition und Pflanzenverfügbarkeit von Nährstoffen und Schwermetallen
12. Borkheider Seminar zur Ökophysiologie des Wurzelraumes
Hrsg.: W. Merbach, B. W. Hütsch, L. Wittenmayer, J. Augustin
B. G. Teubner – Stuttgart · Leipzig · Wiesbaden (2002), S. 100

Protonenbilanz in einem Pflanzen-Boden-System

Feng YAN und Sven SCHUBERT
Institut für Pflanzenernährung (IFZ) der Justus-Liebig-Universität Gießen,
Heinrich-Buff-Ring 26–32, D-35392 Gießen

Zusammenfassung

Bodenversauerung kann durch den Anbau symbiontisch ernährter Leguminosen verursacht werden. Dies ist darauf zurückzuführen, daß bei ausbleibender Nitraternährung die Wurzelzellen der symbiontisch ernährten Leguminosen Protonen abscheiden und im Cytoplasma Hydroxylionen akkumulieren. Zur cytosolichen pH-Regulation bildet die Pflanze organische Anionen, die als potenzielle Alkalinität angesehen werden können. Die organischen Anionen können als Malat, Citrat oder als Pektinat in pflanzlichen Zellen vorliegen. Wenn das Pflanzenmaterial dem Boden wieder zurückgegeben wird, führt der Abbau der organischen Anionen durch Mikroorgnismen zu einer Erhöhung des Boden-pH-Wertes. Die biologische Decarboxylierung der organischen Anionen ist für die pH-Erhöhung nach Zugabe des Pflanzenmaterials hauptsächlich verantwortlich. Wenn Leguminosenrückstände dem Boden zurückgegeben werden, wird die vorhergegangene Bodenversauerung dadurch teilweise kompensiert. Durch die Düngung mit Pflanzenmaterial wird der Boden auch mit organischem Stickstoff gedüngt, der bis zur Nitrat mineralisiert werden kann. Nitrifikation führt zur Bodenversauerung. Solange das Nitrat in den oberen Schichten des Bodens bleibt, kann es durch Pflanzenwurzeln aufgenommen und assimiliert werden. Dies kann die vorhergegangene Ansäuerung durch die Nitrifikation wieder ausgleichen. So wird die H^+-Bilanz in einem Pflanzen-Boden-System erhalten. Wenn das Nitrat aber aus dem Boden ausgewaschen wird, dann ist der Protonenkreislauf unterbrochen. Dies führt zu einer dauerhaften Bodenversauerung. Deshalb ist die Vermeidung von Nitratauswaschung nicht nur für die Stickstoffverfügbarkeit, sondern auch für den Protonenkreislauf in einem Pflanzen-Boden-System von Bedeutung.

Durchwurzelung, Rhizodeposition und Pflanzenverfügbarkeit von Nährstoffen und Schwermetallen
12. Borkheider Seminar zur Ökophysiologie des Wurzelraumes
Hrsg.: W. Merbach, B. W. Hütsch, L. Wittenmayer, J. Augustin
B. G. Teubner – Stuttgart · Leipzig · Wiesbaden (2002), S. 101–107

Distribution and Diffusion of Root Exudates of *Zea mays* in Soil

Alexej V. RASKATOV[*,‡], Yakov KUZYAKOV[*], and Martin KAUPENJOHANN[*]

*)Department of Soil Science and Land Evaluation, Hohenheim University, Emil Wolff-Street 27, D-70599 Stuttgart, Germany; ‡)Department of Ecology, Moscow Timiryazev Agricultural Academy, Timiryazevskaya 49, 127550 Moscow, Russia

Abstract

Distribution and diffusion of root exudates of *Zea mays* were studied in a loamy Haplic Luvisol by means of $^{14}CO_2$ pulse labelling of shoots in two-compartment pots, in which the roots were separated from sterile or nonsterile soil by a screen. Root hairs but not roots could penetrate the screen into the soil. Root-free soil in the bottom pot compartment of one treatment was sterilized with cycloheximide and streptomycin to inhibit microbial decomposition of exudates. The soil from the bottom part of the pots was frozen and sliced by a microtome into 15 layers, each 1 mm thick.

Four zones of exudate concentrations were found according to the distribution of the ^{14}C activity in the rhizosphere profile: 1) 1...2 (3) mm: maximal concentration of exudates around root hairs; 2) 3...5 mm: presence of exudates is caused by their diffusion from the root hairs; 3) 6...10 mm: insignificant amounts of exudates diffused from the previous zones; 4) > 10 mm: complete lack of exudates. The amount of ^{14}C exudates was higher in the first 1-mm layer from the roots of nonsterile soil compared to the sterile soil due to stimulation of exudation by microorganisms. The coefficient of vertical exudate diffusion in the soil was 1.9×10^{-7} cm^2/s.

Introduction

Due to significant effects of exudates on soil properties (MERBACH et al. 1999) we need to estimate the size of the rhizosphere and the maximal distance, to which exudates can move away from the roots. The quantity of labelled root-derived C remaining in the soil (C of root exudates) was determined in different proximity to roots in rhizosphere soil (HELAL and SAUERBECK 1983). Nevertheless, investigated rhizosphere parts were too large to establish exact sizes of rhizosphere volume and spatial exudate distribution.

Studies of the rhizosphere in soil culture are technically difficult. FARR *et al.* (1969) fixed onion roots between two soil blocks and sliced the blocks to obtain rhizosphere soil. This method only worked well for roots without root hairs due to their damage during putting roots between soil blocks. HELAL and SAUERBECK (1983) divided the soil by vertical screens into large zones of different root proximity and grew maize in a ^{14}C growth chamber. The system used did not take into account the uptake of exudates by microorganisms and their diffusion. This method was restricted to small pots for two maize plants, had quite large distances between the screens and no possibility to slice rhizosphere soil. KUCHENBUCH and JUNGK (1982) used a screen to separate the root mat from the soil column. After harvest, the soil column was frozen and sliced into thin layers with a microtome. However, this method was only used with very young seedlings, which could survive on the small amount of water and nutrients from the soil column.

The use of C isotopes (^{14}C and ^{13}C) in rhizosphere studies has led to significant progress in the understanding of C cycling within the root-soil system. Results of experiments with labelled plants have shown that amounts of root-derived C are three to seven times higher than obtained with root washing methods or root growth estimations (SAUERBECK and JOHNEN 1976). This is due to high losses during the root washing procedure (SWINNEN 1994) and fast microbial utilization of organic substances released by the roots.

We combined the methods mentioned above to: a) examine the distribution of root-derived C as a function of root proximity and presence of soil microorganisms, b) evaluate the diffusion of root exudates in the rhizosphere soil.

Materials and Methods

We studied the distribution and diffusion of root exudates of *Zea mays* in a loamy Haplic Luvisol by means of ^{14}CO$_2$ pulse labelling of shoots at two development stages. The plants were grown in two-compartment pots (Fig. 1). The two-compartment PVC container consisted of: 1) a top part (160 mm height, ø 57 mm) for the soil and roots and 2) a bottom part (40 mm height, ø 57 mm) for the root-free soil (Fig. 1). A monofilament screen (153 threads per centimeter, ø 30 μm; Büttner GmbH, Switzerland) separated both parts from each other. Root hairs easily penetrated the screen into the soil but the roots did not. Each pot was filled with 476 g air-dried soil (371 g in top and 105 g in bottom part). The root and shoot zones were separated by Paraffin (melting point 42...44 °C; Merck Eurolab GmbH,

Bruchsal) and overlayed with Silicon paste (*NG 3170* purchased from Thauer & Co., Dresden). One day before labelling, the soil in the bottom part of the second treatment was sterilized with 3.75 mg cycloheximide per gram soil against fungi and 5 mg streptomycin per gram soil against bacteria (LIN and BROOKES 1999) to inhibit microbial exudate utilization and respiration. The sterilization was performed by injection of aqueous solution of antibiotics with a syringe into the soil. Label was applied to 19- and 26-days-old plants for one hour. 460 kBq of ^{14}C as NaH^{14}CO$_3$ solution was used for each pot. Eight pots were labelled simultaneously in a Plexiglass chamber.

One seedling of *Zea mays*, cv. 'Benicia', was grown in each pot at 26...28 °C day and 22...23 °C night temperature with a day-length of 14 h and a light intensity of 400 µmol/(m^2 · s). The soil water content was adjusted daily to about 60 % water-holding-capacity.

Four days after the first labelling, bottom pot parts were removed and plants of treatments with sterile soil in bottom parts were cut. After two days, new bottom parts were put in the pots. For the second labelling, previous nonsterile pots were divided into two parts (four pots each). One part of them was sterilized. Four days after the second labelling, all plants were cut, the bottom parts of the pots were frozen at –25 °C, and the soil blocks were cut into 15 slices, about 1 mm thick, with a microtome. Radioactivity of soil was measured with the scintillation cocktail *Permafluor E+* (Canberra Packard) by a Liquid Scintillation Counter *Tri-Carb 2000CA*, after combustion of a 1 g sample within an oxidizer unit (Canberra Packard), *Model 307*.

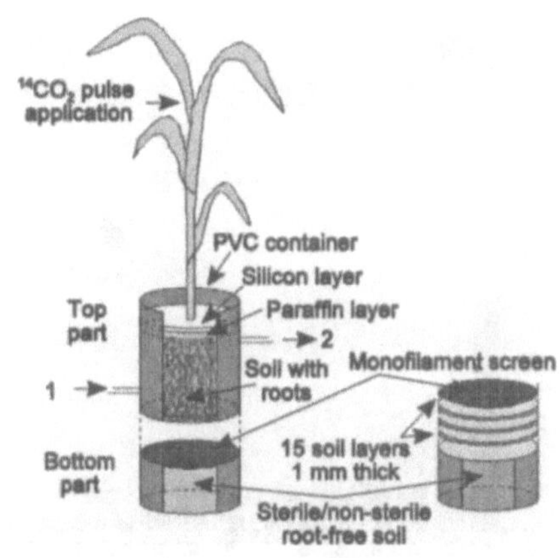

Figure 1. Two-compartment pot for studying distribution of root-derived carbon as a function of root proximity and presence of soil microorganisms. *1* – Air from pump; *2* – Air and CO$_2$ to NaOH.

Results and Discussion

Distribution of root-derived C as a function of root proximity and presence of soil microorganisms

Results of this study showed that the quantity of ^{14}C remaining in the bottom soil was small (0.03...0.06 % of ^{14}C recovered). Although rhizodeposition occurred mainly in the top part of the pots and in the first two layers of bottom soil, the diffusion of root-derived carbon into the 3...5 layers zone was also significant (Figure 2).

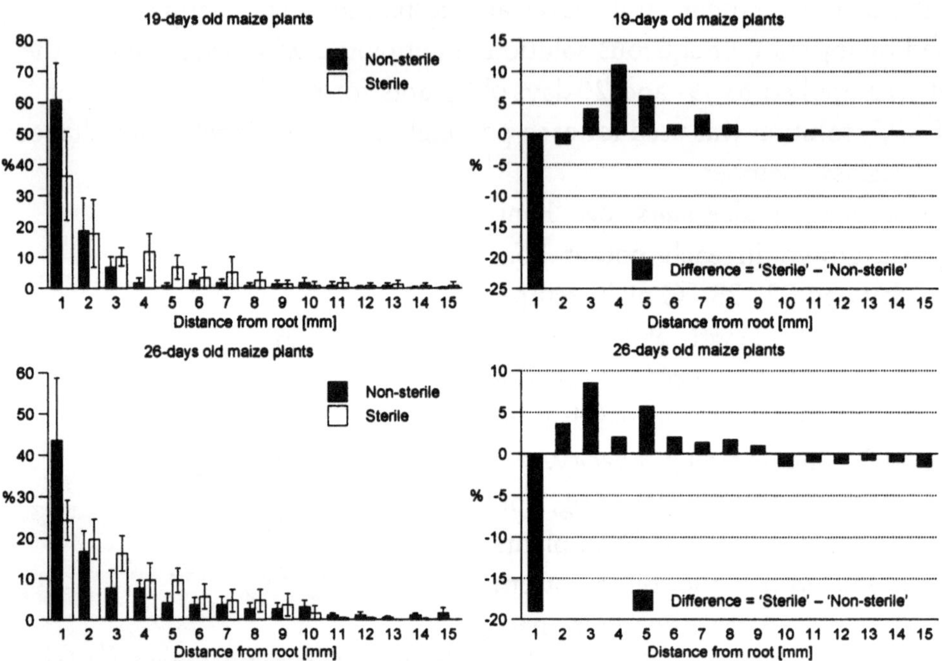

Figure 2. Exudate distribution in soil (per cent of total ^{14}C activity, found in 15 layers, ±SD) depending on the distance from roots of 19-days-old (top) and 26-days-old (bottom) maize plants.

NEWMAN and WATSON (1977) suggested that the zone of influence of root exudates in soil is narrow because they are rapidly utilized and, therefore, have little opportunity to diffuse far from the root. BOWEN and THEODOROU (1979) showed that the microorganisms do not constitute a continuous layer on the root surface. Therefore, a part of root exudates can diffuse outwards without being immediately captured by microorganisms.

^{14}C distribution showed exponential decreasing exudate concentrations with distance from the roots, both in sterile and nonsterile treatments (Figure 2). The decrease of ^{14}C activity is much faster in nonsterile treatments, caused by higher microbial utilization of exudates. Four zones of exudate concentrations could be distinguished according to the distribution of ^{14}C activity in the rhizosphere: 1)

1...2 (3) mm: maximal concentration of exudates. In these layers there are also root hairs; 2) 3...5 mm: presence of exudates is caused by diffusion from zone 1; 3) 6...10 mm: insignificant amounts of exudates diffused into this zone; 4) > 10 mm: complete absence of exudates. The amount of ^{14}C exudates is higher in the first 1-mm layer from the roots of nonsterile soil than that of sterile soil, probably caused by microbially stimulated exudation (MERBACH and RUPPEL 1992).

Diffusion of root exudates in the rhizosphere

Three main processes control the exuda-te distribution in the rhizosphere: exudation intensity, diffusion from the root surface and microbial utilization. Many studies of exudate diffusion used mathematical simulation models (GARDNER et al. 1983, DARRAH 1991c, d) or experiments with single substances, which are contained in exudates (DARRAH 1991a, b). Separation of root and root-free zones, achieved in this experiment

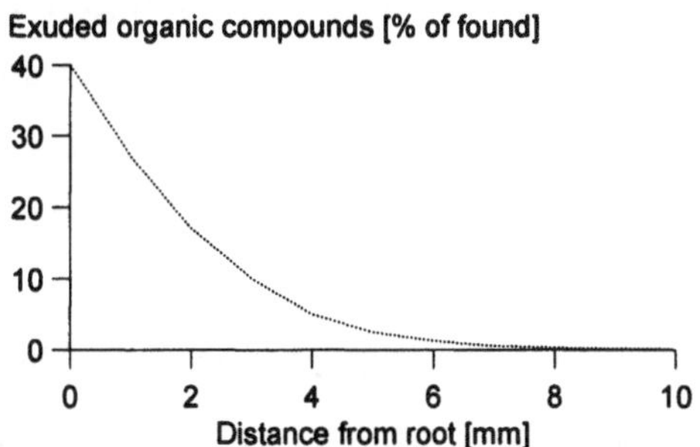

Figure 3. Diffusion profile for exuded organic compounds in sterile soil calculated on measured ^{14}C distribution.

by the gauze impermeable to roots, allows the estimation of exudate distribution depending on proximity to the root surface. Using the treatment with sterile soil in the root-free compartment allows comparison between exudate distribution in sterile and nonsterile soil. ^{14}C pulse labeling permits tracing of organic substances exuded during a definite period. We combined the three methods to estimate the diffusion of exudates in soil and assumed that the diffusion in sterile and nonsterile soil is similar. In our study, only one-dimensional diffusion was calculated.

The equation describing the diffusive transport of C exudates in the vertical direction can be written in this form (DARRAH 1991d):

$$\frac{\partial C_s}{\partial t} = D_e \frac{\partial^2 C_s}{\partial x^2}, \; 0 < x < L; \; \frac{\partial C_s}{\partial t} = 0, \; x = 0, \; x = L, \text{ where } C_s \text{ is the concentration}$$

of diffusing exudates per unit volume of soil at a distance x from the root surface; D_e is the effective diffusion coefficient; L is the length of the soil cylinder.

The calculated coefficient of vertical exudate diffusion in the soil was 1.89×10^{-7} cm^2/s. As shown in Fig. 3, the concentration profile is steep. It becomes less steep as D_e increases under higher relative concentrations of diffused substances. D_e obtained in some studies mentioned above varied from 1×10^{-4} to 1×10^{-7} cm^2/s. Higher coefficients were frequently measured for substances non-adsorbed in soil such as glucose or sucrose (DARRAH 1991a). Substances stronger adsorbed by soil such as citric or glutamic acid are characterized by lower D_e. The diffusion coefficient obtained in our study for root exudates is of low order. The reasons for this could be: 1) low concentration C_s of exudates in the soil compared to other studies; 2) partial sorption of exudates by the soil solid phase, which can reach 99 % for some organic substances (DARRAH 1991b). According to DARRAH (1991a) acetate can interact with the solid phase and decrease its mobility. In addition, other organic substances exuded by maize roots, such as carboxylic (18 % of exudates) and amino acids (22 %) (GRANSEE and WITTENMAYER 2000), are also sorbed in the soil. Therefore, sorption of exudates by soil colloids could be responsible for the low value of diffusion coefficient obtained in this study.

References

BOWEN, G. D.; THEODOROU, C., 1979: Interaction between bacteria and ectomycorrhizal fungi. *Soil Biology and Biochemistry* 11, 119-126.

DARRAH, P. R., 1991a: Measuring the diffusion coefficient of rhizosphere exudates in soil. I. The diffusion of non-sorbing compounds. *Journal of Soil Science* 42, 413-420.

DARRAH, P. R., 1991b: Measuring the diffusion coefficients of rhizosphere exudates in soil. II. The diffusion of sorbing compounds. *Journal of Soil Science* 42, 421-434.

DARRAH, P. R., 1991c: Models of the rhizosphere. II. A quasi three-dimensional simulation of the microbial population dynamics around a growing root realising soluble exudates. *Plant and Soil* 138, 147-158.

DARRAH, P. R., 1991d: Models of the rhizosphere. I. Microbial population dynamics around a root realising soluble and insoluble carbon. *Plant and Soil* 133, 187-199.

FARR, E.; VAIDYANATHAN, L. V.; NYE, P. H., 1969: Measurement of ionic concentration gradients in soil near roots. *Soil Science* 107, 385-391.

GARDNER, W. K.; PARBERY, D. G.; BARBER, D. A.; SWINDEN, L., 1983: The acquisition of phosphorus by *Lupinus albus* L. V. The diffusion of exudates away from roots: A computer simulation. *Plant and Soil* 72, 13-29.

GRANSEE, A.; WITTENMAYER, L., 2000: Qualitative and quantitative analysis of water-soluble root exudates in relation to plant species and development. *Journal of Plant Nutrition and Soil Science* 163, 381-385.

HELAL, H. M.; SAUERBECK, D., 1983: Method of study turnover processes in soil layers of different proximity to roots. *Soil Biology and Biochemistry* 15, 223-225.

KUCHENBUCH, R.; JUNGK, A., 1982: A method for determining concentration profiles at the soil-root interface by thin slicing rhizosphere soil. *Plant and Soil* 68, 391-394.

LIN, Q.; BROOKES, P. S., 1999: An evaluation of the substrate-induced respiration method. *Soil Biology and Biochemistry* 31, 1969-1983.

MERBACH, W.; MIRUS, E.; KNOF, G.; REMUS, R.; RUPPEL, S.; RUSSOW, R.; GRANSEE, A.; SCHULZE, J., 1999: Release of carbon and nitrogen compounds by plant roots and their possible ecological importance. *Journal of Plant Nutrition and Soil Science* 162, 373-383.

MERBACH, W.; RUPPEL, S., 1992: Influence of microbial colonization on $^{14}CO_2$ assimilation and amounts of root-borne ^{14}C compounds in soil. *Photosynthetica* 26, 551-554.

NEWMAN, E. I.; WATSON, A., 1977: Microbial abundance in the rhizosphere - a computer model. *Plant and Soil* 48, 17-56.

SAUERBECK, D.; JOHNEN, B., 1976: Der Umsatz von Pflanzenwurzeln im Laufe der Vegetationsperiode und dessen Beitrag zur „Bodenatmung". *Zeitschrift für Pflanzenernährung und Bodenkunde* 139, 315-328.

SWINNEN, J., 1994: Evaluation of the use of a model rhizodeposition technique to separate root and microbial respiration in soil. *Plant and Soil* 165, 89-101.

^{15}N- und ^{14}C-markierte Wurzelabscheidungen von Sommerweizen im generativen Stadium

Annette DEUBEL, Joachim SCHULZE, Heidrun BESCHOW und Wolfgang MERBACH

Institut für Bodenkunde und Pflanzenernährung, Martin-Luther-Universität Halle-Wittenberg, Adam-Kuckhoff-Straße 17b, D-06108 Halle/Saale, E-Mail: deubel@landw.uni-halle.de

Abstract

The mechanisms of exudation of nitrogen compounds from roots and their further turnover in soil are still unclear. Apparently, there are close relations to the carbon metabolism in plants. An experimental setup was developed for simultaneously labelling of plants with $^{15}NH_3$ and $^{14}CO_2$. The aim of this study was to determine the remainder and the turnover of primarily root borne nitrogen and carbon compounds from the same plant. Spring wheat was grown in pots with gas tight root compartments, under optimum nutrition and non sterile conditions. The shoots were labelled with $^{14}CO_2$ over a short (five hours) or long (three days) period and always with $^{15}NH_3$ at the same time and over three days. The plants were harvested during flowering or milk ripeness (one day or one week after the last labelling). The soil was separated in rhizodeposition, rhizospheric soil and bulk soil. C, N and ^{15}N in the dried and grounded plant and soil compartiments were measured with a combination of C/N-analyzer and an emission spectrometer. ^{14}C was recorded with a liquid scintillation counter. The proportion of rhizodeposition on the total amount in the system was only 4 % relating to ^{14}C and 2.7 % relating to ^{15}N. We assume, that the strong sink of the ear with forced transport of compounds to this plant organ in this growth stage could be the reason for this results. In the corn filling phase the plant decreased the exudation of water soluble, low molecular organic compounds. Furthermore, these compounds were decomposed quickly by microbes. It can be assumed that dead root parts influenced the result.

Einleitung

Die Mechanismen der Freisetzung N-haltiger Substanzen durch Wurzeln sowie deren weiterer Umsatz im Boden wurden bis heute noch nicht vollständig aufgeklärt. In der Literatur wurde bisher nur vereinzelt über Bilanzierungen und die Mechanismen der Wurzel-N-Exsudation unter Bodenbedingungen berichtet (JANZEN 1990, JANZEN und BRUINSMA 1993, QUIAN *et al.* 1997). Offenbar bestehen enge Beziehungen zum C-Stoffwechsel in der Pflanze. Untersuchungen im vegetativen Stadium mit getrennter $^{15}NH_3$ und $^{14}CO_2$-Begasung von Sommerweizenpflanzen ergaben, daß 6...6,5 % des aufgenommenen ^{15}N und 3...5 % des aufgenommenen ^{14}C, nach Abzug der sekundären Exsudatveratmung, durch die Wurzeln freigesetzt wurden. 20 % der Netto-^{15}N-Abgabe gingen dabei in die Gasphase über. In der beginnenden generativen Phase (Beginn des Ährenschiebens bis Beginn der Kornfüllung) stieg die ^{15}N-Abgabe der Wurzeln auf 11...13 % des aufgenommenen ^{15}N. Grobschätzungen der N- und C-Wurzelabscheidungen eines Weizenbestandes im Verlauf der Ontogenese belaufen sich auf 20 kg N/(ha · a) und 200 kg C/(ha · a) (MERBACH 1998). Eine Reproduktion dieser vergleichenden Bilanzuntersuchungen ist durch Simultanmarkierung mit ^{15}N und ^{14}C an gleichen Pflanzen und in denselben Versuchen notwendig. Dazu wurde ein Küvettensystem entwickelt, das die Simultanbegasung an ein und denselben Pflanzen mit $^{14}CO_2$ und $^{15}NH_3$ erlaubt. Die hier vorgestellten, ersten Untersuchungen wurden unter insterilen Bedingungen durchgeführt. Ziel der Untersuchungen war es, die in den Boden abgegebenen N- und C-Verbindungen (primär wurzelbürtige und sekundär durch Mikroben umgesetzte) quantitativ und qualitativ mittels dieser Doppelmarkierung zu erfassen.

Material und Methoden

Sommerweizenpflanzen der Sorte ‚Lavett‘ wurden in 1-Liter-Glasgefäßen mit gasdicht abschließbarem Wurzelraum in einem Quarzsand-Boden-Substrat (5 : 1 m/m) bei 60 % maximaler Wasserkapazität mit folgender Düngung angezogen (bezogen auf 1 kg Substrat): 110 mg N, 95 mg P, 240 mg K, 54 mg Mg, 3 mg Fe, 0,18 ml *A-Z*-Lösung nach Hoagland (*a* und *b*). Das Schema (Abb. 1) stellt vereinfacht den Versuchsaufbau dar. Die Anzuchtgefäße wurden in eine Küvette (*b*) gestellt, die die gleichzeitige Zudosierung von $^{15}NH_3$ und $^{14}CO_2$ erlaubte. $^{15}NH_3$ (100 ppm) wurde durch Zugabe von Lauge aus $^{15}(NH_4)_2SO_4$ mit 95 at.-% $^{15}N_{exc}$ (1) und $^{14}CO_2$ durch Säurezugabe aus $Ba^{14}CO_3$ (2) freigesetzt. Durch den Anschluß einer CO_2-Gasflasche (3) konnte einerseits die CO_2-Konzentration in der Küvette mittels CO_2-Analysator (4) reguliert und durch Anhebung des Wasserspiegels (5) $^{14}CO_2$ in den Küvettenraum gedrückt werden. Dieser Versuchsaufbau garantierte eine ausreichende Simultanmarkierung, keine Ätzschäden an Pflanzen durch NH_3, und eine konstante CO_2-Konzentration im Gasraum der Küvette.

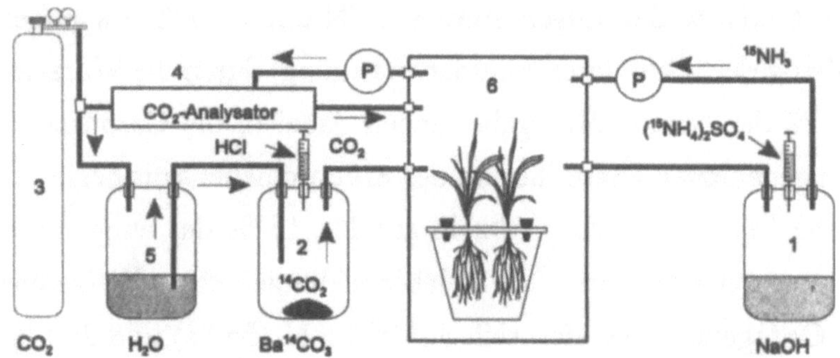

Abb. 1. Versuchsaufbau zur Simultanmarkierung von Pflanzen mit ^{14}C und ^{15}N. P - Pumpe.

Tab. 1. Markierungsvarianten und Wiederfindungsquoten.

Markierung	Symbol	^{15}N je Gefäß		^{14}C je Gefäß		Pflanzenalter [d]	Entwicklungsstadium	Ernte nach letzter Begasung [d]	Wiederfindungsquote [%]	
		Zeit	Menge [mg]	Zeit	Aktivität [MBq]				^{15}N	^{14}C
Pulsmarkierung	P1	3 × 5 h	91,6	5 h	9,0	63	Ende Blüte	1	75	24
	P2					73	Milchreife	7	75	21
Dauermarkierung	D1	3 d	91,6	3 d	6,9	76	Milchreife	1	69	32
	D2					76	Milchreife	7	93	32

Die Markierungen erfolgten über mehrere Stunden (Pulsmarkierung P) oder Tage (Dauermarkierung D). Die einzelnen Varianten und Wiederfindungsquoten sind in

Tab. 1 zusammengefaßt. $^{15}NH_3$ wurde offenbar schnell und mit einer hohen Rate besonders während der langen Verweilzeit der Pflanze im Küvettensystem aufgenommen (Variante *D2*). Die NH_3-Konzentrationen waren zu gering, um die Pflanzen zu schädigen. Das nicht aufgenommene und das durch Atmung wieder freigesetzte $^{14}CO_2$ wurde nach Beendigung des Versuches mittels KOH-Lösung gebunden. Die Messung des ^{14}C-Gehaltes in dieser alkalischen Lösung war jedoch meßtechnisch nicht möglich, so daß die ermittelten Wiederfindungsraten hier niedriger ausfielen. Die Trennung in ober- und unterirdisches Pflanzenmaterial sowie die Gewinnung der Rhizodeposition erfolgte in Anlehnung an die Abstauchmethode (GRANSEE und WITTENMAYER 2000). Die einzelnen Pflanzenorgane (Ähren, Blätter, Stengel und Wurzel) wurden getrennt geerntet und bei 60 °C getrocknet. Die kaltwasserlösliche Rhizodeposition sowie der abgespülte Rhizosphärenboden wurden gefriergetrocknet, der trocken abgeschüttelte Boden wurde luftgetrocknet. C, N und ^{15}N im getrockneten und gemahlenen Pflanzen- und Bodenmaterial sowie in der gefriergetrockneten Rhizodeposition wurden mittels Kombination eines C/N-Analysators und eines Emissionsspektrometers *NOI7* (Firma FAN Leipzig) gemessen. ^{14}C wurde mit einem Flüssigszintillationsspektrometer erfaßt.

Ergebnisse und Diskussion

Zuerst sollen die Gehalte in den Pflanzen und anschließend die Rhizodeposition betrachtet werden. Abbildungen 2 und 3 zeigen die absoluten C- bzw. N-Gehalte der einzelnen Pflanzenorgane pro Gefäß. Zu erkennen ist, daß sich bei der ersten Ernte der Pulsmarkierung (*P1*) der Kohlenstoff annähernd gleichmäßig über die einzelnen Pflanzenorgane verteilt hatte (Abb. 2).

Bei den späteren Ernteterminen zur Milchreife (*P2*, *D1*, *D2*) konzentrierten sich in den Ähren fast 40 % und in der Wurzel nur bis zu 25 % des gesamten C. Bei der N-Verteilung zeigte sich ein ähnliches Bild. Hier stieg der Anteil der Ähren sogar auf 50 % und der Anteil der Wurzeln aber nur bis maximal 12 % des Gesamt-N bei den Ernten zur Milchreife (*D2*). Auch die ^{15}N-Akkumulation zeigt einen fast analogen Verlauf wie die ^{14}C-Akkumulation (Abb. 4 und 5). Zum ersten Erntetermin (*P1*) wurden noch 51 % ^{14}C im Sproß (Blätter und Stengel) und 43 %

in der Ähre sowie 65 % ^{15}N im Sproß und 32 % in der Ähre gefunden, d.h. die sink-Stärke von Stengel und Blättern war zusammen größer als die sink-Stärke der Ähre. Der Anteil der Wurzel lag bei 6 % ^{14}C und 3,5 % ^{15}N.

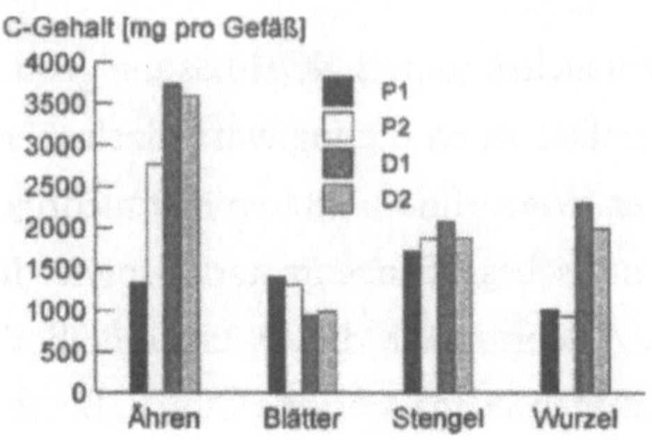

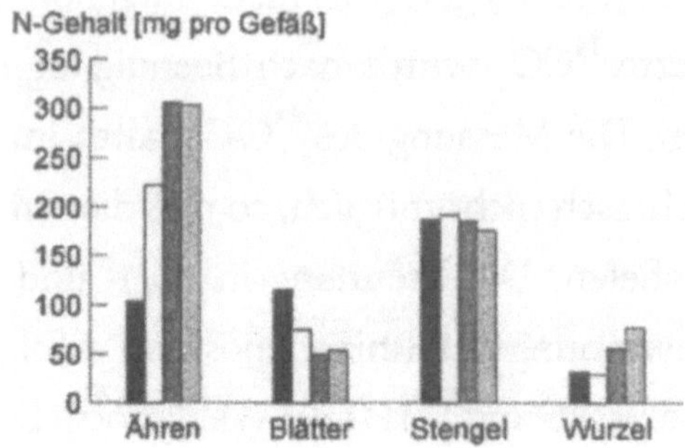

Abb. 2. C-Gehalt der untersuchten Pflanzenorgane in Abhängigkeit vom Markierungsverfahren und Erntetermin nach Begasungsende.

Abb. 3. N-Gehalt der untersuchten Pflanzenorgane in Abhängigkeit vom Markierungsverfahren und Erntetermin nach Begasungsende.

Eine zunehmende Anreicherung von ^{14}C (bis 90 %) und ^{15}N (bis 75 %) in der Ähre ist bei den späteren Ernteterminen (*P2*, *D1*, *D2*) unübersehbar. Aufgrund der hohen sink-Stärke der Ähre während der Kornfüllungsphase wurden auch weniger Assimilate in die Wurzeln verlagert (maximal 2,3 % ^{14}C und 2,8 % ^{15}N).

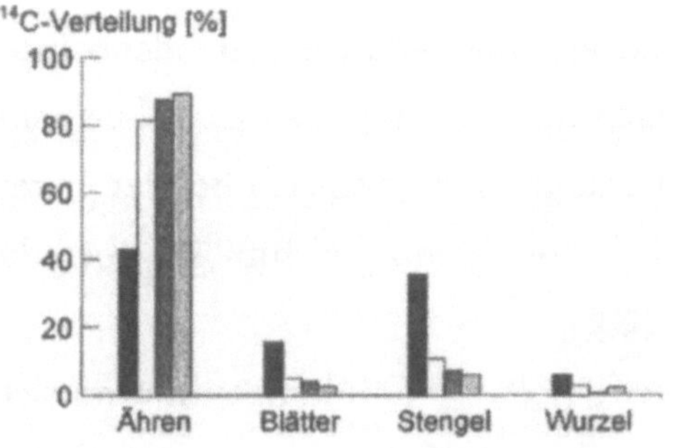

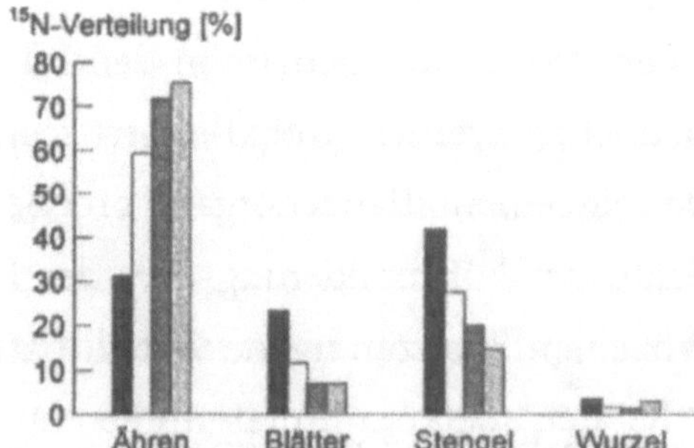

Abb. 4. Relative Verteilung von ^{14}C in der Pflanze in Abhängigkeit vom Markierungsverfahren und Erntetermin nach Begasungsende.

Abb. 5. Relative Verteilung von ^{15}N in der Pflanze in Abhängigkeit vom Markierungsverfahren und Erntetermin nach Begasungsende.

Die veränderten source/sink-Verhältnisse hatten ebenfalls großen Einfluß auf den Anteil der Rhizodeposition im Gesamtsystem Pflanze – Boden (Abb. 6).

Dieser war extrem niedrig und sank bei der Pulsmarkierung mit ^{14}C von 4 % zum frühen Erntetermin (*P1*) auf 1 % zum Erntetermin zwei Wochen später (*P2*). Der Anteil der Rhizodeposition war noch niedriger bei den ^{14}C-Dauermarkierungsvarianten (*D1* 0,4 % bzw. *D2* 0,6 %). Die ^{15}N-Abgabe durch die Wurzeln schwankte dagegen zwischen 1,7 und 2,7 %. Um dafür eine Erklärung zu finden, wurden die wasserlösliche und wasserunlösliche markierte Rhizodeposition bestimmt.

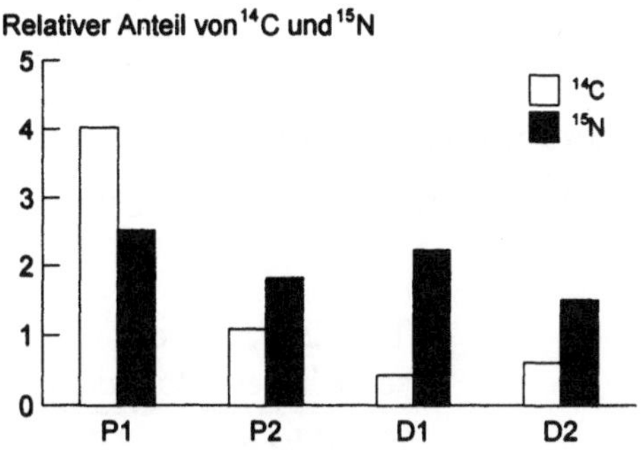

Abb. 6. Relativer Anteil der markierten Rhizodeposition im Gesamtsystem Pflanze – Boden in Abhängigkeit vom Markierungsverfahren und Erntetermin nach Begasungsende.

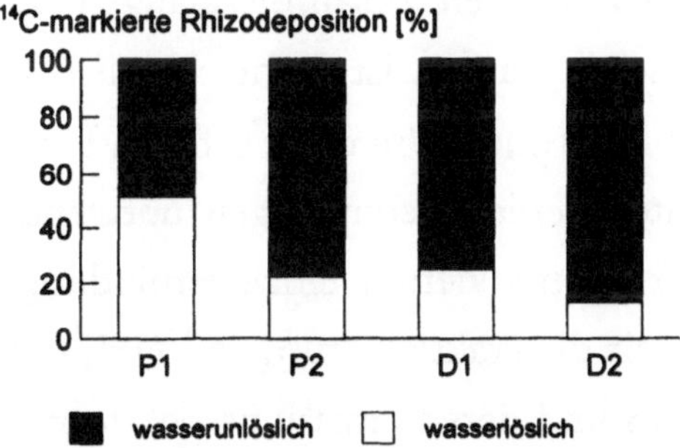

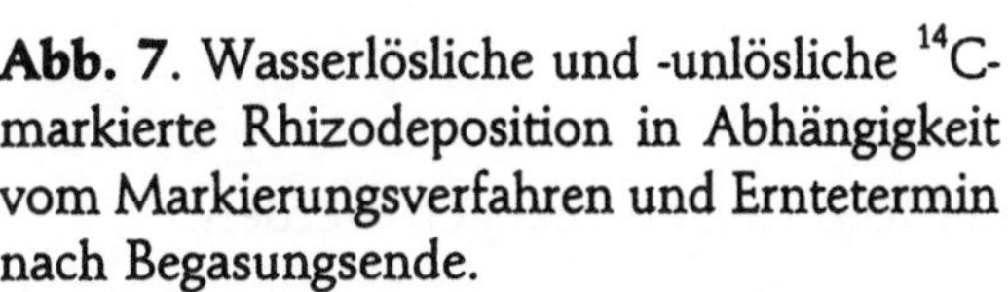

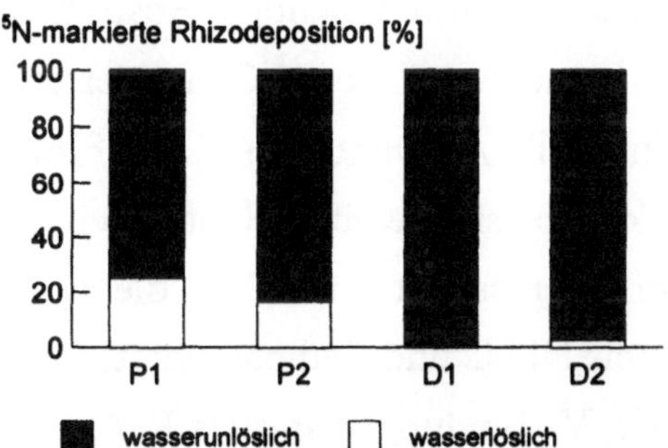

Abb. 7. Wasserlösliche und -unlösliche ^{14}C-markierte Rhizodeposition in Abhängigkeit vom Markierungsverfahren und Erntetermin nach Begasungsende.

Abb. 8. Wasserlösliche und -unlösliche ^{15}N-markierte Rhizodeposition in Abhängigkeit vom Markierungsverfahren und Erntetermin nach Begasungsende.

Abb. 7 und 8 zeigen, daß in der ersten Variante (*P1*) sich noch 50 % der ^{14}C-markierten Rhizodeposition in Wasser lösten, aber zu späteren Ernteterminen dieser Anteil auf 25 % (*P2*, *D1*) bzw. 13 % (*D2*) absank. Auch bei den mit ^{15}N-markierten Rhizodepositionen wurden hauptsächlich wasserunlösliche Verbindungen bei den Ernten zur Kornfüllungsphase gefunden (*D1* 0,8 %, *D2* 2,8 %). Mehrere sich überschneidende Vorgänge sind offenbar Ursache für diese Ergebnisse: die drastisch reduzierte Abgabe wasserlöslicher Verbindungen während der Kornfüllungsphase, da diese Verbindungen vorrangig zur Ähre transportiert werden, deren schnelle mikrobielle Umsetzung und Veratmung sowie die Erhöhung des Anteils wasserunlöslicher Verbindungen durch abgestorbene Wurzelteile in dieser Phase. Erste Auftrennungen in die einzelnen Stoffklassen ergaben folgendes Bild (Tab. 2).

Tab. 2. Relativer ^{14}C-Anteil in den Stoffklassen der wasserlöslichen Rhizodeposition.

Stoffklasse	Pulsmarkierung		Dauermarkierung	
	P1	*P2*	*D1*	*D2*
Zucker	86,1	84,1	73,7	69,7
Aminosäuren	6,9	4,7	11,7	11,6
Carboxysäuren	7,1	11,2	14,6	18,7

Dominierend war zu allen Erntezeitpunkten der Anteil von ^{14}C-markierten Zuckern. Die Zunahme des Beitrages von ^{14}C aus Aminosäuren könnte mit dem vermuteten zunehmenden Absterben von Wurzelteilen zusammenhängen. Der gestiegene Anteil von ^{14}C-markierten organischen Säuren ist wahrscheinlich auf mikrobielle Aktivitäten zurückzuführen (DEUBEL 1996). Um diese offenen Fragen zu klären, sind weitere Untersuchungen unter sterilen Bedingungen notwendig. Von Interesse ist außerdem die Analyse der ^{14}C-markierten Einzelverbindungen mittels HPLC und Radioaktivitätsdetektor sowie die Fraktionierung in ^{15}NH$_4^+$- und ^{15}NH$_2$-Verbindungen mittels Kjeldahlaufschluß und deren emissionsspektrometrische Bestimmung.

Zusammenfassend können folgende Schlußfolgerungen gezogen werden:

1. Der Versuchsaufbau ist sehr gut geeignet, um Rhizodepositionen ausreichend simultan mit ^{14}C und ^{15}N zu markieren.

2. Das Ontogenesestadium und die damit verbundenenen source/sink-Verhältnisse haben einen entscheidenden Einfluß auf die Menge und Zusammensetzung der Rhizodeposition.

3. Während der Kornfüllungsphase stellt die Ähre den hauptsächlichen sink dar, so daß nur minimal Assimilate in die Wurzeln transportiert und an die Rhizosphäre abgegeben werden.

4. Die Wasserlöslichkeit der abgeschiedenen Rhizodeposition sinkt im Laufe der Ontogenese. Zukünftige Versuche unter sterilen Bedingungen und eine detaillierte Analytik der Einzelverbindungen sollen klären, ob mikrobielle Umsetzungsprozesse und/oder eine verringerte Abgabe niedermolekularer Verbindungen dafür verantwortlich sind.

Literaturverzeichnis

DEUBEL, A., 1996: *Einfluß wurzelbürtiger organischer Kohlenstoffverbindungen auf Wachstum und Phosphatmobilisierung verschiedener Rhizobakterien.* Dissertation, Universität Halle.

GRANSEE, A.; WITTENMAYER, L., 2000: Qualitative and quantitative analysis of water soluble root exudates in relation to plant species and development. *Journal of Plant Nutrition and Soil Science* 163, 381–385.

JANZEN, H. H., 1990: Deposition of nitrogen into the rhizosphere by wheat roots. *Soil Biology and Biochemistry* 22, 1155–1160.

JANZEN, H. H.; BRUINSMA, J., 1993: Rhizosphere N-deposition by wheat under varied water stress. *Soil Biology and Biochemistry* 25, 631–632.

MERBACH, W., 1998: Abscheidungen von stickstoffhaltigen Verbindungen durch Wurzeln intakter Pflanzen. Zwischenbericht DFG-Projekt Me 1072/1-3 und Me 209/47-1.

QUIAN, J. H.; DORAN, J. W.; WALTERS, D. T., 1997: Maize plants contributions to root zone available carbon and microbial transformations of nitrogen. *Soil Biology and Biochemistry* 29, 1451–1462.

Durchwurzelung, Rhizodeposition und Pflanzenverfügbarkeit von Nährstoffen und Schwermetallen
12. Borkheider Seminar zur Ökophysiologie des Wurzelraumes
Hrsg.: W. Merbach, B. W. Hütsch, L. Wittenmayer, J. Augustin
B. G. Teubner – Stuttgart · Leipzig · Wiesbaden (2002), S. 116–123

Methodik zur Quantifizierung des Eintrages von Wurzelzellwandresten in den Boden während des Wachstums von Maispflanzen

Jürgen AUGUSTIN[*], Jörg PLUGGE[*], Jürgen PÖRSCHMANN[¤],
Rainer REMUS[*], Katja HÜVE[*], Birgit W. HÜTSCH[‡] und
Wolfgang MERBACH[‡]

[*])Institut für Primärproduktion und Mikrobielle Ökologie, ZALF e. V., Eberswalder Straße 84, D-15374 Müncheberg; [¤])Umweltforschungszentrum Leipzig–Halle GmbH (UFZ), Sektion Sanierungsforschung, Permoserstraße 15, D-04318 Leipzig; [‡]) Institut für Bodenkunde und Pflanzenernährung, Martin-Luther-Universität Halle–Wittenberg, Adam-Kuckhoff-Straße 17b, D-06108 Halle/Saale

Abstract

Root structural residues are one of the main sources for organic C input into the soil. However, little is known about the actual input of root residues into soil, and the influence of these materials (specifically cell wall residues) on humus formation and preservation of stabilized soil organic matter. Therefore we focussed on the development and testing of a procedure to estimate belowground primary production and the formation of root cell wall residues during plant growth in pot experiments with maize. This method is based on a repeated pulse-labelling of maize shoots by $^{14}CO_2$ in closed chambers under controlled conditions, followed by continuous recording of temporal changes in the rhizosphere ^{14}C fluxes. Finally accumulated rhizosphere C fluxes could be calculated by means of crop growth and ^{14}C distribution models from the results of these investigations. At the end of maize growth (94 days), approx. 19 % of the root cell walls which are formed during ontogenesis appeared already in the soil. Although further improvements are necessary, the procedure presented here is considered to be an appropriate way to study and to quantify the rhizosphere C fluxes, in particular the input of root structural components.

Einleitung

Alle höheren Pflanzen tragen über Wurzelwachstum und die sogenannte Rhizodeposition (Abscheidung von organischen Verbindungen aus den Wurzeln in den Boden) fortlaufend große Mengen an Assimilatkohlenstoff in den Boden ein. Dazu gehören neben mikrobiell schnell umsetzbaren organischen Verbindungen wie Zuckern, organischen Säuren, Aminosäuren, Proteinen und Schleimstoffen auch mikrobiell schwerer verwertbare Stoffe aus den Zellwänden abgestorbener Wurzelteile (hauptsächlich Cellulose, Hemicellulose und Lignin). Wichtigste Quelle für den Eintrag dieser Zellwandreste in den Boden ist das schon in sehr frühen Stadien des Wachstums einsetzende, sogenannte programmierte Absterben speziell der Rhizodermis und des Wurzelrindengewebes (HENRY und DEACON 1981, HELAL *et al.* 1996). Aufgrund ihrer Eigenschaften sollten diese Substanzen maßgeblich zur Humusbildung und zur Erhaltung stabilisierter organischer Bodensubstanz beitragen (LYNCH und WHIPPS 1990, URQUIAGA *et al.* 1998). Hierzu liegen aber nur wenige konkrete Informationen vor. Zurückzuführen ist dies vor allem auf die extremen Schwierigkeiten, die nach wie vor einer direkten und exakten Bestimmung aller Assimilat-C-Flüsse im Kontaktraum Wurzel–Boden (Rhizosphäre) entgegenstehen (KILLHAM und YEOMANS 2001).

Bisher ist es nur der Arbeitsgruppe um Swinnen mit Hilfe eines sehr komplexen, auf der ^{14}C-Tracertechnik basierenden Verfahrens gelungen, diesbezüglich relativ genaue Angaben für die gesamte Wachstumsperiode von Getreidepflanzen zu erhalten (SWINNEN *et al.* 1994). Anliegen der hier vorgestellten Untersuchungen war es zu testen, ob sich der von Swinnen ursprünglich für Untersuchungen im Freiland entwickelte Ansatz in modifizierter Form auch für die Aufklärung und Quantifizierung der Assimilat-C-Flüsse im Rhizosphärenbereich im Modellexperiment mit Pflanzen eignet, die in speziellen Gefäßen aufwachsen. Besonderes Augenmerk sollte dabei auf die Quantifizierung des während der Ontogenese sich vollziehenden Eintrages von Wurzelzellwandresten in den Boden gelegt werden.

Material und Methoden

Die Quantifizierung der Assimilat-C-Flüsse im Rhizosphärenbereich erfolgte auf Grundlage eines von SWINNEN *et al.* (1994) entwickelten Konzeptes, das hier für die Anwendung im Gefäßversuch unter kontrollierten Bedingungen mit Mais weiterentwickelt wurde. Im wesentlichen handelt es sich dabei um eine im Verlauf der Ontogenese mehrfach wiederholte ^{14}C-Impulsmarkierung von Maispflanzen, gefolgt von der fortlaufenden Erfassung von zeitlichen Veränderungen in den ^{14}C-Assimilatflüssen im

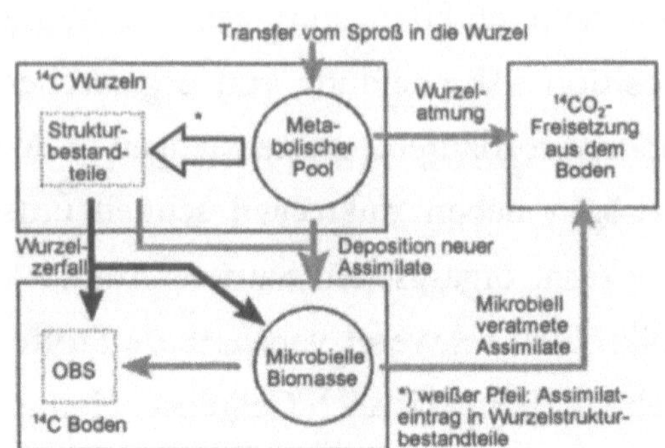

Abb. 1. Konzeptionelles Modell zur Beschreibung der Assimilat-C-Flüsse in der Rhizosphäre unter besonderer Berücksichtigung der Wurzelzellwandreste (basiert auf der Verteilung ^{14}C-markierter Assimilate – modifiziert nach SWINNEN *et al.* (1994)

System Pflanze – Boden. Aus den Resultaten dieser Untersuchungen ließen sich dann mit Hilfe von Modellen zum Pflanzenwachstum bzw. der ^{14}C-Verteilung (basieren auf Regressionsansätzen) und unter Verwendung des Softwareprogramms *Modelmaker* (Cherwell Scientific) die kumulierten Assimilat-C-Flüsse im System Pflanze – Boden während der Ontogenese errechnen. Folgendes ist hierbei von besonderer Bedeutung:

- Separate Bestimmung aller relevanten Assimilat-C-Flüsse in der Rhizosphäre auf Grundlage eines speziellen konzeptionellen Modells (vgl. Abb. 1) in Verbindung mit Angaben zum Verlauf der Trockenenmassebildung bei den einzelnen Pflanzenteilen (C-Akkumulation) und zur Verteilung der ^{14}C-markierten Assimilate im System Pflanze – Boden – Atmosphäre. Zentrale Bezugsgröße für alle Berechnungen: die spezifische ^{14}C-Aktivität des ΔC Sproß (Zunahme Sproß-C);
- Bestimmung der während des Pflanzenwachstums anfallenden Wurzelzellwandreste (synonym: Wurzelzerfall) als Differenzgröße zwischen Brutto-C-Eintrag in die Wurzelstrukturbestandteile und dem tatsächlich gemessenen Wurzelzuwachs.

Untersuchungsprogramm

^{14}C-Impulmarkierungsexperimente mit jeweils 13, 19, 45, 56 und 71 Tage alten Pflanzen im Verlauf einer Gesamtwachstumszeit des Maises von 94 Tagen; Ernte der markierten Pflanzen jeweils 7, 14 und 21 Tage nach Abschluß der ^{14}C-Markierung; Pflanzenanzucht (Hybridmais, Sorte ‚Saphir‘, *S210*) mit 6 kg Sandlöß vom Versuchsstandort Kühnfeld/Halle („Ewiger Roggenbau": Krumenmaterial von der Variante Mais ungedüngt, 60 % der maximalen Wasserkapazität) in Mitscherlichgefäßen unter kontrollierten Bedingungen (Temperatur 21 °C, Beleuchtung über 12 h mit Photonenfluß von 300 µmol/(m^2 · s), relative Luftfeuchte 90 %); ^{14}C-Impulsmarkierung und ^{14}C-Analytik nach dem bei RICHERT *et al.* (2000) beschriebenen Verfahren. Zur Ermittlung des jeweiligen Anteils der Wurzelatmung und der mikrobiellen Veratmung der Rhizodeposition am Gesamtumfang der ^{14}CO$_2$-Freisetzung aus dem Boden (vgl. Abb.1) wurde ein ergänzendes Modellexperiment mit Mais auf Sandlöß nach dem Verfahren von SWINNEN (1994) ausgeführt (Differenzmessungen zur ^{14}CO$_2$-Freisetzung aus dem Einbringen künstlicher, ^{14}C-markierter Rhizodeposition in einen Teil der Gefäße).

Ergebnisse und Diskussion

Im Verlauf der gesamten Ontogenese ist stets nur ein kleiner Anteil der Assimilate

Tab. 1. ^{14}C-Assimilatverteilung im System Pflanze – Boden – Atmosphäre bei Mais im Verlauf der Ontogenese (Angaben in Prozent der ^{14}CO$_2$-Nettoassimilation, Mittelwerte aus je vier Wiederholungen, Verteilung bestimmt 14 Tage nach Abschluß der ^{14}C-Markierung).

C-Fraktion	Pflanzenalter [d]				
	13	29	45	56	71
Gesamtsproß	61,0	79,4	79,7	82,5	82,8
davon: Sproßrest	61,0	79,4	79,7	40,0	41,6
Kolben	–	–	–	42,5	41,2
Transfer zu den Wurzeln	39,0	20,6	20,3	17,5	17,2
davon: Wurzel	15,0	11,2	13,7	9,2	10,8
Boden	5,6	4,3	3,8	4,0	3,8
aus dem Boden freigesetztes CO$_2$	18,4	5,1	2,6	4,3	2,5

in die Wurzel bzw. in den Boden verlagert worden. Zudem kam es schon in einem recht frühen Stadium der Pflanzenentwicklung zu einem deutlichen Rückgang dieser C-Flüsse. Während der Anteil des im Boden verbliebenen Assimilat-C relativ konstant blieb, unterlag vor allem der in Form von CO_2 aus dem Boden freigesetzte Assimilat-C (Summe aus Wurzelatmung und mikrobiell veratmeter Rhizodeposition) einem starken Rückgang (Tab. 1). Ähnliches wurde auch schon für Sommerweizen festgestellt (MERBACH *et al.* 1993). Bezogen auf die gesamte Wachstumsperiode ließen sich dementsprechend für den Wurzelresteintrag im Vergleich zum Sproß auch nur recht geringe kumulierte C-Flußraten errechnen. (Tab. 2).

Tab. 2. Kumulierte Assimilat-C-Flüsse im System Pflanze – Boden im Gefäßversuch mit Maispflanzen über den Gesamtzeitraum des Pflanzenwachstums von 94 Tagen (bestimmt mit Hilfe des modifizierten Versuchsansatzes nach Swinnen und darauf basierender Modelle, Angabe der Mittelwerte aus vier Wiederholungen).

C-Flußgröße	Assimilat-C-Fluß	
	absolut [mg C/Gefäß]	relativ zum Sproßwachstum [%]
Nettoassimilation	13653	
Sproßwachstum	10919	100
Transfer in die Wurzeln	2734	25,0
Wurzelwachstum (Brutto)	1708	15,6
davon Nettowurzelwachstum	1393	12,7
Wurzelzellwandreste	**315**	**2,9**
Freisetzung neuer Assimilate aus den Wurzeln	1084	9,9
davon Wurzelatmung*	553	5,2
im Boden verbliebene Rhizodeposition	491	4,6
mikrobiell veratmete Rhizodeposition*	40	0,1
Rhizodeposition (veratmete* + im Boden verbliebene Rhizodeposition + Wurzelzellwandreste)	846	7,6

*): Im Labormodellexperiment nach dem Verfahren von SWINNEN (1994) bestimmt. Der Anteil der Wurzelatmung am Gesamtumfang der $^{14}CO_2$-Freisetzung aus dem Boden ergab sich mit 93,2 % und derjenige der mikrobiell veratmeten Rhizodeposition mit 6,8 %.

Trotzdem resultiert daraus ein nicht unerheblicher Beitrag zur Rhizodeposition, denn bei den 94 Tage alten Pflanzen sind ca. 19 % (315 mg C, Tab. 2) der während des Wachstums insgesamt gebildeten Wurzelzellwandbestandteile (1708 mg C, Tab. 2) bereits wieder in den Boden gelangt. Zugleich macht dies deutlich, daß das Nichtbeachten dieser Komponente tatsächlich zu einer erheblichen Unterbewertung des Eintrages an wurzelbürtigem C in den Boden führen würde. Um eine Grobabschätzung der unter Feldbedingungen anfallenden C-Menge in Form der Wurzelzellwandreste vornehmen zu können, wurden die im Gefäßversuch ermittelten Befunde unter Verwendung des Sprosses als zentraler Bezugsgröße einer entsprechenden Umrechnung unterzogen. Ausgehend von einem (relativ hohen) Trockenmasseertrag bei Silomais von 100 dt/ha (GEISLER 1988) und einem mittleren C-Gehalt von 40 % würde der kumulierte C-Fluß für den Maissproß ca. 4000 kg C pro Hektar betragen. Unter Beachtung der in Tab. 2 angegeben Relationen ergäben sich dann C-Einträge in Form der Gesamtrhizodeposition von 304 kg C pro Hektar und in Form der während der Vegetation anfallenden Wurzelzellwandreste von 116 kg C pro Hektar.

Letzterer Wert liegt damit etwas unterhalb der von SWINNEN et al. (1994) für Gerste unter Feldbedingungen ermittelten Spannweite von 260 bis 510 kg Wurzelzellwandrest-C pro Hektar. Als Ursachen für eine mögliche Fehlbestimmung, insbesondere der Unterschätzung des Eintrages von Wurzelzellwandresten im Rahmen der verwendeten Methodik kommen in Frage: eine Hemmung des Wurzelwachstums und der Rhizosphären-C-Flüsse infolge der Pflanzenanzucht in Gefäßen, eine nicht exakte Widerspiegelung der Assimilat-C-Flüsse durch die ^{14}C-Impulsbegasung und auch methodische Unzulänglichkeiten bei der Bestimmung der Anteile von Wurzelatmung und der mikrobiellen Veratmung der Rhizodeposition an der $^{14}CO_2$-Freisetzung aus dem Boden. Für die beiden erstgenannten Probleme gibt es zumindest Vorstellungen, mit Hilfe welcher experimentellen Ansätze ihr Einfluß auf die Ergebnisse zu ermitteln wäre (z. B. simultane Durchführung von Gefäß- und Feldversuchen oder der Vergleich von ^{14}C-Impuls- mit ^{14}C-Dauerbegasungen). Völlig unklar ist hingegen nach wie vor die Situation bei der Bestimmung der Anteile von Wurzelatmung und mikrobieller Veratmung der Rhizodeposition. So wurde zum Beispiel mit dem völlig andersartigen, aber ebenso plausiblen

Ansatz von CHENG *et al.* (1994) – Messung der Isotopenverdünnung im Rhizosphärenbereich – der Anteil der mikrobiell veratmeten Rhizodeposition an der CO_2-Freisetzung mit 61 % anstelle von 6,8 % bestimmt. Sollte dieser viel höhere Wert in ähnlicher Form für die hier vorgestellten Untersuchungen zutreffen, dann ergäbe sich neben einem viel höheren Gesamtumfang der Rhizodeposition möglicherweise auch eine deutlich größere Menge an „neuen" Wurzelzellwandresten (vgl. Abb. 1). Auf der Grundlage des bisherigen Kenntnisstandes läßt sich jedoch noch nicht entscheiden, welches Verfahren die „richtigeren" Werte zur Aufteilung der CO_2-Flüsse liefert. In der Literatur gibt es dazu sehr widersprüchliche Aussagen – z. B. KUZYAKOV und CHENG (2001) und TODOROVIĆ *et al.* (2001).

Zusammenfassend läßt sich feststellen, daß es mit Hilfe eines modifizierten ^{14}C-Markierungsverfahrens nach SWINNEN *et al.* (1994) unter realen Bodenbedingungen auch im Gefäßversuch generell möglich sein dürfte, eine exakte Bestimmung der C-Flüsse im Rhizosphärenbereich und insbesondere des Eintrages an Wurzelzellwandresten im Verlauf der Vegetation vorzunehmen. Allerdings muß das Verfahren zwecks Gewinnung wirklich präziser Resultate weiter ausgebaut und überprüft werden. Das betrifft insbesondere die Entwicklung einer vertrauenswürdigen Methode zur exakten Bestimmung der Anteile der Wurzelatmung und der mikrobiellen Veratmung der Rhizodeposition an der CO_2-Freisetzung aus dem Boden.

Danksagung

Das vorgestellten Untersuchungen wurden im Rahmen des Schwerpunktprogramms 1090 „Böden als Quelle und Senke für CO_2" von der Deutschen Forschungsgemeinschaft gefördert. Die Autoren danken Frau Mirus, Frau Herrendorf und Herrn Blasinski für die vorzügliche technische Unterstützung.

Literaturverzeichnis

CHENG, W.; COLEMAN, D. C.; CARROLL, R.; HOFFMAN, C. A., 1994: Investigating short-term carbon flows in the rhizospheres of different plant species, using isotopic trapping. *Agronomy Journal* 86, 782–788.
GEISLER, G., 1988: *Pflanzenbau*. Berlin, Hamburg: Paul Parey
HELAL, H. M.; RAGAB, A. S.; MONEM, A.; SCHNUG, E., 1996: Evaluation of root

mortality by biochemical analysis. *Communications in Soil Science and Plant Analysis* 27, 1169-1175.

HENRY, C. M.; DEACON, J. W., 1981: Natural (non-pathogenic) death of the cortex of wheat and barley seminal roots, as evidenced by nuclear staining with acridine orange. *Plant and Soil* 60, 255-274.

KILLHAM, K.; YEOMANS, C., 2001: Rhizosphere carbon flow measurement and implications: from isotopes to reporter genes. *Plant and Soil* 232, 91-96.

KUZYAKOV, Y.; CHENG, W., 2001: Photosynthesis controls of rhizosphere respiration and organic matter decomposition. *Soil Biology and Biochemistry* 33, 1915-1925.

LYNCH, J. M.; WHIPPS, J. M., 1990: Substrate flow in the rhizosphere. *Plant and Soil* 129, 1-10.

MERBACH, W.; AUGUSTIN, J.; JACOB, H. J., 1993: ^{14}C-Verwertung von Sommerweizen im Verlauf der Ontogenese. In: W. Merbach (Hrsg.) *Ökophysiologie des Wurzelraumes*. 4. Borkheider Seminar zur Ökophysiologie des Wurzelraumes. ISSN 0945-2494, 64-67.

RICHERT, M.; SAARNIO, S.; JUUTINEN, S.; SILVOLA, J.; AUGUSTIN, J.; MERBACH, W., 2000: Distribution of assimilated carbon in the system *Phragmites* australis-waterlogged peat soil after carbon-14 pulse labelling. *Biology and Fertility of Soils* 32, 1-7.

SWINNEN, J., 1994: Evaluation of the use of a model rhizodeposition technique to separate root and microbial respiration in soil. *Plant and Soil* 165, 89-101.

SWINNEN, J.; VAN VEEN, J. A.; MERCKX, R., 1994: Rhizosphere carbon fluxes in field grown spring wheat: model calculations based on ^{14}C partitioning after pulse-labelling. *Soil Biology and Biochemistry* 26, 171-182.

TODOROVIĆ, C.; NGUYEN, C.; ROBIN, C.; GUCKERT, A., 2001: Root and microbial involvement in the kinetics of ^{14}C-partitioning to rhizosphere respiration after a pulse labelling of maize assimilates. *Plant and Soil* 228, 179-189.

URQUIAGA, S.; CADISH, G.; ALVES, B. J. R.; BODDEY, R.M.; GILLER, K. E., 1998: Influence of decomposition of roots of tropical forage species on the availability of soil nitrogen. *Soil Biology and Biochemistry* 30, 2099-2106.

5

Stoffaufnahme, -umsetzung und -festlegung im Wurzelraum

Durchwurzelung, Rhizodeposition und Pflanzenverfügbarkeit von Nährstoffen und Schwermetallen
12. Borkheider Seminar zur Ökophysiologie des Wurzelraumes
Hrsg.: W. Merbach, B. W. Hütsch, L. Wittenmayer, J. Augustin
B. G. Teubner – Stuttgart · Leipzig · Wiesbaden (2002), S. 127–134

Schwermetall-Verarmung in der Rhizosphäre verschiedener Kulturpflanzen – Erste Ergebnisse

Kay DOMEYER*, Gerhard WELP[‡] und Heinrich W. SCHERER*

*)Agrikulturchemisches Institut der Rheinischen Friedrich-Wilhelms-Universität Bonn, Karlrobert-Kreiten-Straße 13, D-53115 Bonn; E-Mail: aci@uni-bonn.de; [‡])Institut für Bodenkunde der Rheinischen Friedrich-Wilhelms-Universität Bonn, Nußallee 13, D-53115 Bonn

Abstract

New designed "rhizoboxes", where plants are grown for three weeks, are used to get 1 mm thin sections of rhizosphere soil. Soil samples are extracted with different solutions in order to assess the mobility and the binding forms of heavy metals dependent on the distance from the plant roots.

A depletion of heavy metals in the rhizosphere is detectable; the extent depends on the kind of metal (Pb, Cd,, Cu, Zn), plant species and soil characteristics. Compared to the total supply of heavy metals in the soils, the amount taken up by the plants is very low. Therefore, mild extractants (e.g. water or NH_4NO_3) are more suitable to indicate a decrease of heavy metals near the roots than agents extracting the total amount or large proportions of it.

Einleitung

Für die ökologische Wirksamkeit von Schwermetallen in Böden sind neben der elementspezifischen Toxizität in erster Linie ihre Mobilität und ihre Bindungsform von Bedeutung, die in starkem Maße vom Gesamtgehalt der einzelnen Schwermetalle, der Bodenreaktion, den Redoxbedingungen sowie dem Stoffbestand beeinflußt werden. Zur Bestimmung der Schwermetall-Mobilität und -Bindungsformen wurde in der Literatur eine große Anzahl chemischer Extraktionsverfahren vorgeschlagen. Diese Methoden werden zum Teil auch genutzt, um Aussagen über die Schwermetall-Verfügbarkeit für Pflanzen zu treffen, wobei zur Prognose der

Schwermetall-Aufnahme Korrelationsrechnungen zwischen den chemisch extrahierten Metallmengen und den Gehalten in Pflanzen vorgenommen werden. Dabei wird zugrundegelegt, daß die Metallaufnahme der Pflanzenwurzeln über die Bodenlösung erfolgt. Da eine direkte Erfassung der Metallkonzentrationen in der Bodenlösung schwierig ist, wird häufig eine „mobile" Fraktion zur Abschätzung des Transfers Boden – Pflanze herangezogen.

Bei den gängigen Extraktionsverfahren wird allerdings stets der Gesamtboden untersucht und nicht berücksichtigt, daß im Rhizosphärenbereich durch die Aktivität der Pflanzenwurzeln die Schwermetall-Verfügbarkeit deutlich verändert sein kann (z. B. durch pH-Absenkung, Verschieben des Gleichgewichts zwischen verschiedenen Schwermetall-Bindungsformen, Ausscheidung von Exsudaten). Ziel der Untersuchungen war es deshalb, folgende Punkte zu überprüfen:

- Verarmt der Kontaktraum Boden/Wurzel gegenüber dem nicht durchwurzelten Bereich an Schwermetallen und wenn ja, in welchem Ausmaß?
- Welche Schwermetall-Bindungsformen bzw. -Fraktionen in Böden sind überwiegend von einer Verarmung betroffen?
- Besteht ein quantitativer Zusammenhang zwischen Pflanzenentzug und dem Entzug durch verschiedene chemische Extraktionsmittel?
- Welche Dynamik herrscht bei verschiedenen Schwermetall-Fraktionen im Boden vor und inwieweit ist diese Dynamik bei verschiedenen Pflanzen und Böden unterschiedlich ausgeprägt?

Insgesamt sollen die Untersuchungen weitere Erkenntnisse über die Mobilität von Schwermetallen in Böden und die Voraussagbarkeit ihrer Pflanzenverfügbarkeit liefern.

Material und Methoden

Versuchsaufbau

Es wurden Versuchsgefäße mit drei nebeneinander angeordneten Segmenten (nach KNAUFF und SCHERER 1998) verwendet. Die beiden äußeren mit Versuchsboden gefüllten Segmente waren durch eine 30-µm-Gaze vom inneren, mit Quarzsand gefüllten Teil abgetrennt. Im mittleren Segment wurden Pflanzen herangezogen, wobei die Wurzelhaare in die Bodenkompartimente hineinwachsen konnten. Die Gefäße standen in einem Klimaschrank und wurden über keramische Platten mit Wasser versorgt. Die übrigen Versuchsbedingungen waren wie folgt: Tag: 20 °C/ Nacht 12 °C; Beleuchtungsdauer: 12 h; Luftfeuchtigkeit: 70 %; Bodenwassergehalt: 30 %, gravimetrisch kontrolliert; Wuchsdauer: drei Wochen nach Auflauf. Zu Versuchsende wurden die Bodensegmente in flüssigen Stickstoff getaucht, um anschließend auf einer Drehbank Bodenproben in 1 mm Abständen von der Wurzeloberfläche zu gewinnen. Bei den Pflanzen wurden Sproß und Wurzel separat untersucht.

Die Bodenproben wurden zur Kennzeichnung der wasserlöslichen, mobilen und mobilisierbaren Fraktionen sowie der Gesamtgehalte separat mit H_2O, NH_4NO_3, EDTA-Cocktail und Königswasser extrahiert. An ausgewählten Proben wurde zudem eine sequentielle Extraktion nach ZEIEN und BRÜMMER (1989) durchgeführt. Hierbei wurde durch sieben aufeinanderfolgende Extraktionen mit Salzlösungen, komplexierenden Lösungen und Reduktionsmitteln bei ansteigender Acidität in den ersten beiden Schritten zunächst eine mobile und leicht nachlieferbare Fraktion ausgewiesen, während in den folgenden fünf Stufen den Schwermetallen Bindungspartner zugeordnet wurden. Mehrstufige sequentielle Extraktionen liefern wertvolle Informationen zum grundsätzlichen Verständnis der Schwermetall-Dynamik im Boden, sind aber auch sehr arbeitsaufwendig und damit nicht unbegrenzt einsetzbar (WELP et al. 1999).

Bodenproben

Die verwendeten Oberbodenproben stammen von Versuchsflächen der Landwirtschaftlichen Fakultät der Universität Bonn. In Tab. 1 sind ausgewählte Kennwerte aufgeführt. Die Standorte der Proben 1 und 2 wurden, bei sonst gleichem Ausgangssubstrat und gleicher Genese, langjährig unterschiedlich gedüngt (Boden 1 mit Kompost, Boden 2 mineralisch). Die Standorte 4 und 5 liegen ebenso wie 1 und 2 in unmittelbarer Nachbarschaft, wobei Standort 4 durch eine physiologisch saure Düngung Mitte der 90er Jahre stärker versauert ist. Der Standort 3 ist infolge der Auenlage durch erhöhte Schwermetall-Gesamtgehalte gekennzeichnet. Diese Auswahl an Bodenproben sollte es ermöglichen, die Aufnahme von Schwermetallen durch Pflanzenwurzeln und eine Metallverarmung in der Rhizosphäre bei variablen Randbedingungen zu studieren, ohne den für eine landwirtschaftliche Nutzung von Böden üblichen Rahmen zu verlassen.

Tab. 1. Kennwerte der Versuchsböden (SM_{gesamt}: Gesamtgehalt nach Königswasseraufschluß).

	Boden				
	1	*2*	*3*	*4*	*5*
pH (CaCl$_2$)	6,3	6,3	5,2	4,4	4,9
C_{org} [%]	2,8	1,3	3,1	1,3	1,4
Gesamtgehalt [mg/kg]					
Cadmium	0,53	0,96	1,35	0,55	0,55
Blei	54,8	104,5	184,1	49,5	49,5
Kupfer	18,4	44,2	50,1	15,3	15,3
Zink	90,9	247,6	418,0	77,0	77,0

Pflanzen

Mit *Valerianella* spec. Mill. (Sorte: ‚Vit‘) und *Spinacia oleracea* L. (Sorte ‚Monnopa‘) sind zwei dikotyle und mit *Triticum aestivum* L. (Sorte ‚Ludwig‘) eine monokotyle Art gewählt worden, um Pflanzen mit unterschiedlichem Nähr- und Schadstoffaneignungsvermögen miteinander vergleichen zu können. Zudem sollten die Pflanzen einen möglichst großen praxisrelevanten Bezug haben.

Die Pflanzen wurden nach Sproß und Wurzeln getrennt, getrocknet und die Trockenmasse bestimmt. Die Schwermetall-Gehalte wurden nach Druckaufschluß mit GF-AAS oder ICP bestimmt.

Ergebnisse

Ein erstes Screening mit verschiedenen Pflanzen und Böden ergab, daß in den meisten Fällen eine deutliche räumliche Umverteilung der Schwermetalle im Einflußbereich der Wurzel festzustellen ist. Ein einheitliches Verarmungsprofil war bei den verschiedenen Boden-Pflanze-Kombinationen allerdings nicht zu beobachten. Vielmehr machen die Ergebnisse wahrscheinlich, daß sowohl metall- als auch pflanzen- und bodenspezifische Einflüsse eine Rolle spielen und die Dynamik der Schwermetalle in der Rhizosphäre entsprechend variabel gestalten.

Abbildung 1 zeigt am Beispiel von Versuchen mit Boden 1 (pH 6,3; C_{org} 2,8 %) und drei Pflanzenarten Verarmungsprofile für das allgemein als wenig mobil eingeschätzte Blei.

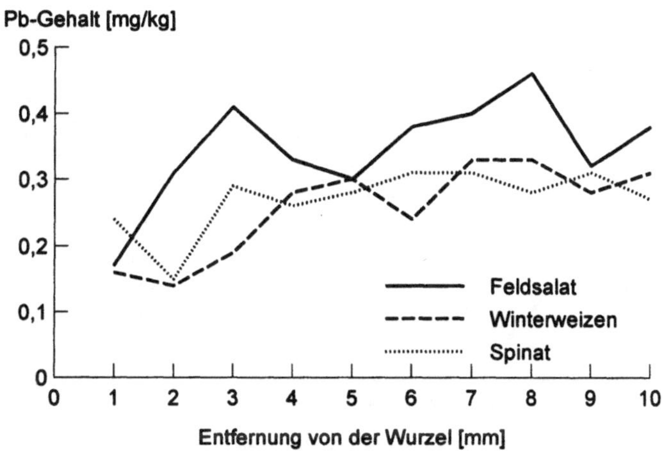

Abb. 1. Bleigehalt in der Rhizosphäre (Boden: 1; Extraktion: 2 g Boden plus 20 ml Wasser).

Bei Spinat und Weizen ist in den ersten 2 bzw. 3 mm Abstand von der Wurzel gegenüber dem übrigen Boden eine Abnahme des wasserlöslichen Bleis zu erkennen. Bei Spinat trat die stärkste Abreicherung im zweiten Millimeter Wurzelentfernung auf; im direkten Kontaktbereich zur Wurzel stieg der Pb-Gehalt wiederum leicht an. Beim Feldsalat ist ebenfalls zur Wurzel hin eine Verarmung sichtbar; allerdings wirkte das weitere Pb-Profil in den ersten 10-mm-Segmenten durch zwei Maxima eher unruhig. Ähnliche Kurvenverläufe mit einem Abfall der Schwermetall-Gehalte zu den beiden Randbereichen hin traten jedoch wiederholt auf.

Zu den Bodenmerkmalen, die das Verhalten von Schwermetallen in Böden bestimmen, gehört an erster Stelle der pH-Wert. Die Auswirkungen einer physiologisch sauren Düngung auf die Blei-Dynamik in der Rhizosphäre sind in Abb. 2 dargestellt. Wie die Ergebnisse von Versuchen mit Boden 2 (pH 6,3; C_{org} 1,3 %) und Weizen beispielhaft zeigen, führten steigende Zugaben von $(NH_4)_2SO_4$ (entsprechend 50, 100, 150 mg N je Kilogramm) im Vergleich zur unbehandelten Kontrolle zu einer zunehmenden Abnahme der wasserextrahierbaren Pb-Gehalte im wurzelnahen Bereich. Die Verarmungsprofile entsprechen in ihrer Ausbildung den N-Steigerungsstufen, wobei sowohl die räumliche als auch die mengenmäßige Größe der Verarmung anstieg. Bei den beiden höchsten Steigerungsstufen läßt sich wiederum ein Anreicherung in unmittelbarer Wurzelnähe erkennen.

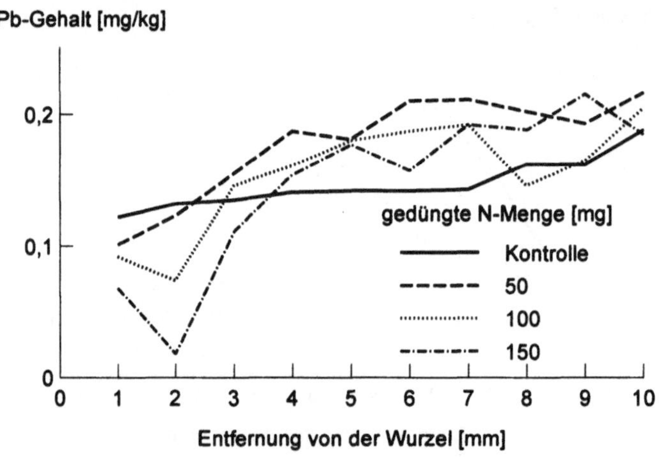

Abb. 2. Einfluß einer Düngung mit $(NH_4)_2SO_4$ auf die Pb-Gehalte in der Rhizosphäre (Pflanze: Winterweizen; Boden: 2; Extraktion: 2 g Boden plus 20 ml Wasser).

Die bisherigen Untersuchungen lassen erkennen, daß insbesondere „milde" bzw. wenig aggressive Extraktionsmittel wie Wasser und NH_4NO_3-Lösung geeignet sind, Veränderungen der Schwermetall-Gehalte in der Rhizosphäre anzuzeigen. Um zu überprüfen, bei welchen Agenzien die besten quantitativen Beziehungen zwischen chemischer Extraktion und Pflanzenentzug bestehen, wurden die vorliegenden Verarmungsprofile entsprechend ausgewertet. Abb. 3 gibt anhand von Ergebnissen eines Versuches mit Boden *1* (pH 6,3, C_{org} 2,8 %) und Weizen ein Beispiel für eine solche Berechnung. Die NH_4NO_3-extrahierbaren Cd-Gehalte zeigten in den ersten fünf Millimeter Wurzelentfernung gegenüber den Gehalten des Bodens ohne Pflanzenbewuchs (gestrichelte Linie) eine Verarmung an, die sich auf eine absolute Menge von 1,1 µg Cd aufsummierte. Der tatsächliche Entzug durch die Weizenpflanzen (Sproß und Wurzel) betrug in diesem Fall mit 0,3 µg Cd etwa ein Viertel der durch NH_4NO_3 angezeigten Menge. Nach den bisherigen Erfahrungen sind die Verhältnisse bei einer Wasserextraktion umgekehrt: In diesen Fällen wird der Pflanzenentzug unterschätzt.

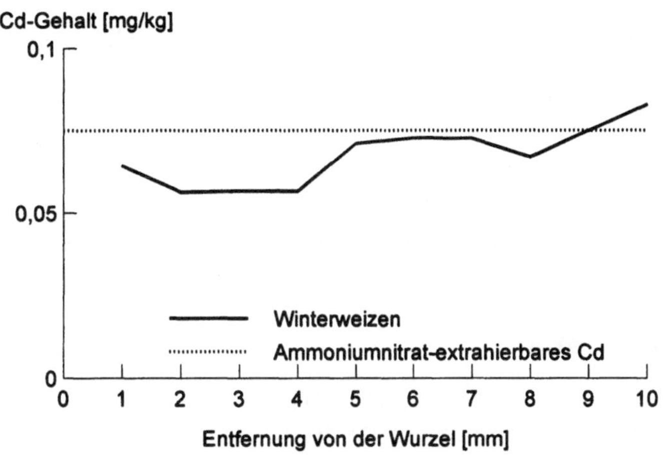

Abb. 3. Cadmiumgehalt in der Rhizosphäre (Boden: *1*; Extraktion: 50 ml 1 M NH_4NO_3-Lösung plus 2 g Boden).

Zusammenfassung

Eine Schwermetall-Verarmung in der Rhizosphäre läßt sich nachweisen, wobei spezifische Unterschiede bei den untersuchten Schwermetallen sowie den verwendeten Böden und Pflanzen zu erkennen sind. Eine Abnahme der Schwermetall-Gehalte im wurzelnahen Bereich ist bei einer Extraktion der Bodenproben mit „milden" Agenzien wie Wasser oder NH_4NO_3-Lösung deutlicher als bei einer Extraktion mit aggressiveren Lösungen (z. B. EDTA-Cocktail, Königswasser).

Ausblick

Die in der Einleitung formulierten Ziele der Untersuchung konnten bislang nur zu einem Teil erreicht werden. Weitere Tests sollen deshalb unter anderem helfen zu klären,

- welche „milden" chemischen Agenzien am besten geeignet sind, den Schwermetall-Entzug durch Pflanzen zu kennzeichnen;

134

- aus welchen Fraktionen/Bindungsformen die von der Pflanze aufgenommenen Schwermetalle nachgeliefert werden.

Daneben sollen die Versuche auf weitere Pflanzen und Schwermetalle ausgeweitet werden. Durch gezielte Variation bestimmter Randbedingungen soll der Einfluß verschiedener Parameter auf die Schwermetall-Verarmung in der Rhizosphäre genauer erfaßt werden.

Danksagung

Die Autoren danken der DFG für die finanzielle Förderung des Projekts.

Literaturverzeichnis

KNAUFF, U.; SCHERER, H.W., 1998: Arylsulfatase-Aktivität im Kontaktraum Boden/Wurzeln bei verschiedenen landwirtschaftlichen Kulturpflanzen. In: W. Merbach (Hrsg.) *Pflanzenernährung, Wurzelleistung und Exsudation.* Stuttgart, Leipzig: B. G. Teubner, 196–204.

WELP, G.; LIEBE, F.; BRÜMMER, G. W., 1999: Mobilität von Schwermetallen in Böden und ihre Verfügbarkeit für Pflanzen. In: Fraunhofer-Institut für Umweltchemie und Ökotoxikologie (Hrsg.) *Pflanzenbelastung auf kontaminierten Standorten.* Berichte 1/99, 28–39.

ZEIEN, H.; BRÜMMER, G. W., 1989: Chemische Extraktion zur Bestimmung der Bindungsformen von Schwermetallen in Böden. *Mitteilungen der Deutschen Bodenkundlichen Gesellschaft* 59, 505–510.

Durchwurzelung, Rhizodeposition und Pflanzenverfügbarkeit von Nährstoffen und Schwermetallen
12. Borkheider Seminar zur Ökophysiologie des Wurzelraumes
Hrsg.: W. Merbach, B. W. Hütsch, L. Wittenmayer, J. Augustin
B. G. Teubner – Stuttgart · Leipzig · Wiesbaden (2002), S. 135–141

Mobilisierung von Cadmium im Boden durch Wurzelabscheidungen von Mais und Spinat

Richard Jäger*, Heinz Christian Fründ*, Andreas Gransee[‡] und Wolfgang Merbach[‡]

*)Fachhochschule Osnabrück, Am Krümpel 31, D-49090 Osnabrück; [‡])Institut für Bodenkunde und Pflanzenernährung der Martin-Luther-Universität Halle-Wittenberg, Adam-Kuckhoff-Straße 17b, D-06108 Halle/Saale

Abstract

Soil containing cadmium was inoculated with cold water soluble root exudates from maize and spinach and their effects on the mobility of cadmium were analyzed. Different treatments of a silty loam (Ut4) from an arable Chernozem soil were investigated:

a) addition of sewage sludge containing cadmium ten years ago

b) recent addition of Cd as water soluble salt (Cd-nitrate)

c) recent addition of Cd-nitrate and amendment with humus (sphagnum-peat).

It could be shown that the mobility of Cd in soil was influenced by i) the origin of root exudates (maize mobilized less Cd than spinach) and, ii) the quantity of root exudates added (doubling of exudate application increased the amount of mobilized Cd to 200 %); iii) the mobilizing effect of root exudates on Cd was less in soils which had been amended with humus (peat).

Einleitung

Die Pflanzenverfügbarkeit von Schwermetallen im Boden wird durch verschiedene Faktoren gesteuert. Neben abiotischen Faktoren wie Boden-pH, Ton- und Humusgehalt kommt auch eine Einflußnahme der Pflanze selbst in Betracht. Ein Mechanismus kann die Beeinflussung der Schwermetalllöslichkeit durch Wurzelabscheidungen sein (Schilling 2000). Die variierende Schwermetallakkumulation verschiedener Pflanzen könnte dabei mit einer unterschiedlichen Mobilisierungs-

wirkung ihrer Wurzelabscheidungen (WA) in Beziehung stehen (KELLER 2000).
Die hier vorgestellten Untersuchungen hatten das Ziel,

- die Wirkung der Wurzelabscheidungen einer gering Cd anreichernden Pflanze (Mais) und einer hoch anreichernden Pflanze (Spinat) auf die Mobilität des Cadmiums im Boden zu vergleichen,
- die Bedeutung der dem Boden zugegebenen Abscheidungsmengen für die Cd-Mobilisierung zu testen und
- den Effekt einer Humuszugabe auf die Mobilisierungswirkung der Wurzelabscheidungen zu untersuchen.

Material und Methoden

Maispflanzen der Sorte ‚Formi' (Fa. Caussade Saaten GmbH, Frankreich; Saatgut ungebeizt) und Spinatpflanzen der Sorte ‚Tabu' (Fa. Carl Sperling & Co., Deutschland) wurden unter gleichen Kulturbedingungen während der Sommermonate im Kalthaus angezogen. Das Anzuchtsubstrat bestand aus Quarzsand + Lößlehm im Mischungsverhältnis 1 : 1 (m/m). Vor der Aussaat wurde wie folgt gedüngt (Angaben pro 6 kg Substrat): 300 mg N (als NH_4NO_3), 1000 mg K (als K_2SO_4), 250 mg Mg (als $MgSO_4 \cdot 7\ H_2O$), 1 ml $FeCl_3$ (10 %), 1 ml A-Z-Lösung (a und b) nach HOAGLAND und SNYDER (1934), 800 mg $CaCO_3$ und 700 mg P als $Ca(H_2PO_4)_2 \cdot H_2O$. Die Substratfeuchte wurde mit deionisiertem H_2O auf 70 % der maximalen Wasserkapazität (maxWK) eingestellt. Jeweils zehn Pflanzen wuchsen in 1400 g des gedüngten Nährsubstrates in Plastiktöpfen (ø = 8,5 cm, h = 18 cm). Während des Anzuchtzeitraumes wurde die verbrauchte Wassermenge mittels Gewichtskontrolle täglich gemessen und mit deionisiertem H_2O ersetzt.

Die Gewinnung der Wurzelabscheidungen erfolgte 28 Tage nach der Aussaat mit der „Abstauchmethode" (SCHULZE 1993, GRANSEE und WITTENMAYER 1995): Pflanzen und durchwurzeltes Substrat wurden aus dem Anzuchttopf gehoben und das den Wurzeln locker anhaftende Bodenmaterial vorsichtig entfernt. Anschließend wurden die Wurzeln der Pflanzen eines Anzuchttopfes 2 min in 400 ml deionisiertes H_2O getaucht (Wassertemperatur: 20 °C). Nach etwa 2 min Absetzzeit wurde die Abstauchflüssigkeit oberhalb der sedimentierten Fraktion dekantiert, mit flüssigem Stickstoff schockgefroren und schließlich tiefgekühlt. Es folgte die Gefriertrocknung der gefrorenen Lösungen bei -15 °C (Standfläche) und einem Druck von 63 Pa. Um die restlichen Bodenpartikel von den organischen Abscheidungen zu trennen, wurde das gefriergetrocknete Material mit deionisiertem H_2O versetzt und im Quarzröhrchen 1 min lang in ein Ultraschallbad getaucht.

Das Bodenmaterial, dem die WA beigemischt wurden, entstammte einem Langzeitdüngungsversuch auf Schwarzerde aus Löß, in dem auf einigen Parzellen zwischen 1982 und 1985 Klärschlamm aufgebracht wurde. Er wurde hinsichtlich pH-Wert, Humusgehalt (C_{org} und DOC) und Cd-Gesamtgehalt analysiert (Tab. 1).

Tab. 1. pH, organische Substanz und Cd-Gehalte der mit den Wurzelabscheidungen behandelten Testsubstrate.

	Substrat*		
	KLS	*LS+Cd*	*LS+Cd/H*
pH (CaCl$_2$)	6,8	7,4	6,4
C_{org} [%]	3,1	1,9	8,7
DOC [mg/l]	50,2	32,8	141,3
Cd-Gehalt [mg/kg TS]	1,4	3,0	2,6

*): *KLS*: Substrat aus 1982...1985 mit Klärschlamm gedüngter Parzelle; *LS +Cd* (3,0): Substrat ohne Klärschlammdüngung nach Zugabe von $Cd(NO_3)_2$; *LS +Cd/H*: Substrat ohne Klärschlammdüngung nach Zugabe von $Cd(NO_3)_2$ und Weißtorf.

Die Ermittlung des organischen Kohlenstoffgehaltes (C_{org}) erfolgte durch die Bestimmung des Glühverlustes nach DIN 11542 und anschließender Division des Glühverlustes (% TS) durch den Faktor 1,724. Die Rückstände der gefriergetrockneten Abstauchlösungen wurden in einer Wassermenge gelöst, die die Bodenproben nach Zugabe der Lösungen mäßig durchfeuchteten (60 % der maximalen Wasserkapazität). Zu jeweils 3 g Boden wurden 100 mg verabreicht. Beim *KLS*-Substrat (vgl. Tab. 1) wurde eine weitere Variante mit Zugabe von 200 mg Wurzelabscheidung untersucht. Es wurde das Acht- bzw. Sechzehnfache der von SCHILLING *et al.* (1998) bei Mais ermittelten Abscheidungsmengen eingesetzt, um die Wahrscheinlichkeit meßbarer Effekte zu erhöhen. In den Lösungen der Abscheidungen wurde unmittelbar nach der Herstellung der pH-Wert gemessen. Die Gefäße der beimpften Bodenproben wurden mit Parafilm verschlossen und acht Tage bei 24 °C bebrütet, um eine mögliche Beeinflussung der Abscheidungswirkung durch einen mikrobiellen Um- und Abbau der Substanzen zu gewährleisten. Nach der Bebrütung wurden die Proben mit deionisiertem H_2O quantitativ in Zentrifugengläser überführt, zwei Stunden lang intensiv geschüttelt und 15 min bei 5000 U zentrifugiert. Für die Gewinnung der Bodenlösung wurde eine Wassermenge gewählt, die zum Zeitpunkt der Zentrifugation die jeweilige maximale Wasserkapazität um 4,5 ml überstieg. Die Extraktion erfolgte in drei Parallelproben pro Variante. Als Null-Variante wurden Bodenproben mit der entsprechenden Menge reinen Wassers (ohne WA) extrahiert. Zur Feststellung möglicher Veränderungen der pH-Werte erfolgte die Trocknung des rückständigen Bodenmaterials und anschließend eine erneute pH-Messung. Nach der Filtration der Bodenlösungen fand die Cd-Messung der Filtrate am ICP-OES statt.

Ergebnisse und Diskussion

Nach der Aufnahme in deionisiertem H_2O zeigten die WA-Lösungen auffallend unterschiedliche Färbungen: Die Lösung der Spinat-WA war wesentlich heller als die Lösung der gleichen Menge Mais-WA. Die pH-Werte der Lösungen von 100 mg WA betrugen bei Spinat 7,0 und bei Mais 5,7.

Die Abscheidungen erhöhten im klärschlammhaltigen Testsubstrat die Löslichkeit des Cadmiums um bis zu 120fach (Abb. 1). Die WA von Spinat mobilisierten zwei- bis dreifach höhere Mengen als die WA von Mais. Bei Extraktionen mit verdoppelten WA-Konzentrationen fand bei beiden WA-Varianten eine Erhöhung der mobilisierten Cd-Menge auf 200 % statt. Bei Extraktion der zwei weiteren Testsubstrate

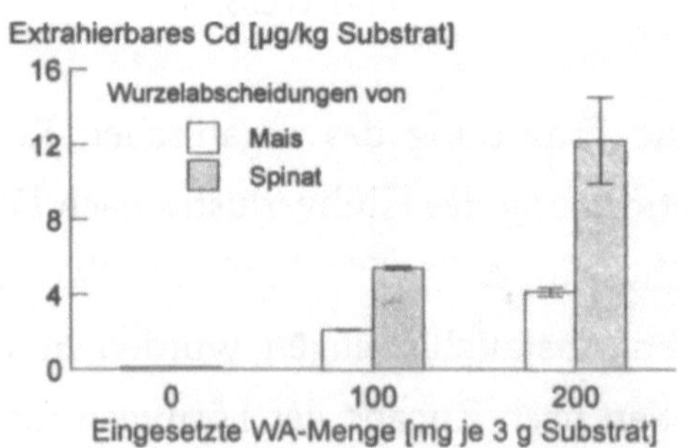

Abb. 1. Cd-Extraktion aus klärschlammhaltigem Testsubstrat durch WA-Lösungen in verschiedenen Konzentrationen.

mit 100 mg WA erfolgte ebenfalls eine vielfache Erhöhung der Löslichkeit von Cd im Vergleich zu reinem Wasser. Die Cd-Mobilisierung durch Spinat-WA war in jedem Fall weit höher als die Mobilisierung durch Mais-WA. Das weist darauf hin, daß sich die Abscheidungen maßgeblich in der Zusammensetzung unterschieden. Ein Protoneneffekt dissoziierter Säuregruppen ist für die Mobilisierung durch Spinat-WA aufgrund der neutralen Reaktion der WA-Lösung auszuschließen. Ein Hinweis auf indirekte Wirkungen der Abscheidungen nach einem mikrobiellen Um- bzw. Abbau ist die Erhöhung des Boden-pH durch die WA-Extraktionen (Tab. 2).

Tab. 2. pH-Werte der Testsubstrate vor und nach einer Behandlung mit Wasser und WA-Lösungen.

	Substrat*		
	KLS	*LS+Cd*	*LS+Cd/H*
pH vor Extraktion	6,8	7,4	6,0
pH nach Extraktion mit			
entsalztem Wasser	6,9	7,2	6,4
Maiswurzelabscheidungen	7,5	7,7	6,9
Spinatwurzelabscheidungen	7,3	7,4	6,7

*): Bezeichnung der verwendeten Substrate siehe Tab. 1

Der pH-Anstieg beruhte vermutlich auf einem Protonenverbrauch bei der Decarboxylierung von Carboxylgruppen während einer mikrobiellen Umsetzung von WA-Komponenten nach dem von BAREKZAI und MENGEL (1993) vorgestellten Schema: $R\text{-}CO\text{-}COO^- + H^+ \rightarrow R\text{-}CHO + CO_2$. Für die vorliegenden Untersuchungen könnte das bedeuten, daß der höhere pH-Anstieg durch die WA von Mais auf einer höheren Decarboxylierung organischer Anionen beruht. Die gegenüber Spinat-WA geringere Cd-Mobilisierung könnte aber auch in einer geringeren Menge WA-bürtiger komplexierender Anionen in den Versuchen mit Mais-WA begründet sein, weil diese stärker mikrobiell abgebaut wurden. Zudem hatte möglicherweise die pH-Anhebung in Verbindung mit der mikrobiellen Umsetzung pflanzlicher Abscheidungen bei allen Testsubstraten Einfluß auf eine ansteigende Stabilität löslicher Huminstoff-Cd-Komplexe. Um die Bedeutung des Humus für die mobilitätserhöhende Wirkung von Cadmium durch die WA zu verdeutlichen, ist eine Standardisierung der Faktoren Bodenacidität und Gesamt-C-Gehalt erforderlich. Beide Faktoren stehen nach HORNBURG und BRÜMMER (1987) in einem signifikanten Zusammenhang mit $CaCl_2$-extrahierbaren Cd-Mengen, die definitionsgemäß die mobilen, d.h. unter natürlichen Bedingungen mobilisierbaren Cd-Gehalte darstellen. In der Abb. 2 ist das Verhältnis der löslichen Cd-Mengen zu den $CaCl_2$-extrahierbaren Mengen der Substrate dargestellt.

Die $CaCl_2$-extrahierbaren Mengen wurden nach den bei HORNBURG und BRÜMMER (1987) genannten Regressionen berechnet. Es wird in der Darstellung die WA-„Nettomobilisierung", d.h. WA-lösliche abzüglich der wasserlöslichen Cd-Mengen betrachtet.

Deutlich erkennbar wurde die Cd-Löslichkeitserhöhung durch den Weißtorfzusatz gemindert. Die Ergebnisse ließen

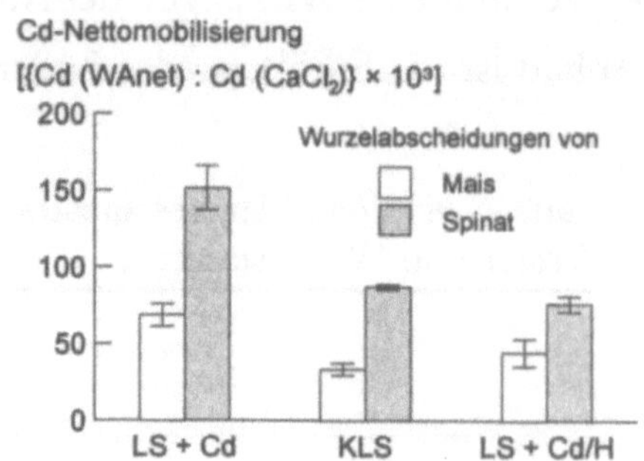

Abb. 2. Nettomobilisierung durch WA in Relation zu mobilem Cd ($CaCl_2$).

keine lineare Beziehung zwischen Nettomobilisierungen und den unlöslichen Kohlenstoffgehalten erkennen ($r^2 = 0,209$ bei Mais, $r^2 = 0,452$ bei Spinat).

Vermutlich waren im klärschlammhaltigen Substrat weitaus langfristigere Immobilisierungsprozesse des Cd sowie eine unterschiedliche Stabilität der Cadmium-Humus-Komplexe die Ursachen für eine vergleichsweise geringe Nettomobilisierung durch die WA. Weiterhin ist nicht auszuschließen, daß die Molekülgröße von Huminstoffen der Testsubstrate durch WA-bürtige Anionen vermindert wurde und eine Komplexbildung zwischen Cd und jeweils neu entstandenen löslichen niedermolekularen Huminsäuren die Cd-Löslichkeit in unterschiedlicher Weise förderte. Diese Überlegung beruht auf Untersuchungen von ALBUZIO und FERRARI (1989), in denen ein Einfluß exsudierter organischer Säuren auf die Molekülgröße von Huminstoffen und Konsequenzen für die Löslichkeit von Metallen festgestellt wurde. Die Untersuchungen zeigten, daß die eingesetzten Spinatabscheidungen höhere Cd-Mengen im Boden mobilisieren als diejenigen von Mais. Das läßt eine unterschiedliche Zusammensetzung der Wurzelabscheidungen von Mais und Spinat vermuten. Das Verhältnis von Abscheidungen zum Bodenmaterial ist den Ergebnissen nach jedoch von entscheidender Bedeutung für die Cd-Mobilisierung und damit für die Möglichkeit eines Cd-Transfers im System Boden – Pflanze.

Die Mengen der Wurzelabscheidungen im Verhältnis zum umgebenden Bodenvolumen unter natürlichen Bedingungen sind jedoch bisher nur unzureichend bekannt. In Gefäßversuchen im Rahmen der vorliegenden Untersuchungen zeigte sich allerdings, daß der verwendete Spinat tatsächlich mehr Cadmium aus dem Boden aufnimmt als die Maispflanzen (JÄGER 2001).

Literaturverzeichnis

ALBUZIO, A.; FERRARI, G., 1989: Modulation of the molecular size of humic substances by organic acids of the root exudates. *Plant and Soil* 113, 237-241.

BAREKZAI, A.; MENGEL, K., 1993: Effect of microbial decomposition of mature leaves on soil *p*H. *Zeitschrift für Pflanzenernährung und Bodenkunde* 156, 93-94.

GRANSEE, A; WITTENMAYER, L., 1995: Eine neuartige Methode zur Gewinnung und Identifizierung von Wurzelabscheidungen bei Kulturpflanzen. *VDLUFA-Schriftenreihe* 40, 733-736.

HOAGLAND, D. R.; SNYDER, W. C., 1934: Nutrition of strawberry plant under controlled conditions: a) Effects of deficiencies of boron and certain other elements; b) suspectibility to injury from sodium salts. *Proceedings of the American Society for Horticultural Science* 30. 288-295.

HORNBURG, V.; BRÜMMER, G., 1987: Untersuchungen zur Verfügbarkeit von Cadmium in schleswig-holsteinischen Böden. *Mitteilungen der Deutschen Bodenkundlichen Gesellschaft* 55, 357-362.

JÄGER, R., 2001: *Die Wirkung von Wurzelabscheidungen auf die Mobilität von Cadmium im Boden.* Diplomarbeit, Fachhochschule Osnabück, FB Agrarwissenschaften.

KELLER, 2000: *Einfluß wurzelbürtiger organischer Säuren auf das Cu-, Zn- und Cd-Aneignungsvermögen von Spinatpflanzen.* Dissertation, Universität Kaiserslautern.

SCHILLING, G., 2000: *Pflanzenernährung und Düngung.* Stuttgart: Ulmer, S. 272.

SCHILLING, G.; GRANSEE, A.; DEUBEL, A.; LEŽOVIČ, G.; RUPPEL, S., 1998: Phosphorus availability, root exsudates and microbial activity in the rhizosphere. *Zeitschrift für Pflanzenernährung und Bodenkunde* 161, 465-478.

SCHULZE, J., 1993: *Untersuchungen zur Kohlenstoffbilanz bei Leguminosen und Nichtleguminosen unter besonderer Berücksichtigung der organischen Wurzelausscheidungen.* Dissertation, Universität Halle.

Durchwurzelung, Rhizodeposition und Pflanzenverfügbarkeit von Nährstoffen und Schwermetallen
12. Borkheider Seminar zur Ökophysiologie des Wurzelraumes
Hrsg.: W. Merbach, B. W. Hütsch, L. Wittenmayer, J. Augustin
B. G. Teubner – Stuttgart · Leipzig · Wiesbaden (2002), S. 142–147

Effect of different cultivation techniques of *Brassicaceae* on thallium phytoremediation and Tl-binding forms in the soil

Husam AL-NAJAR, Rudolf SCHULZ and Volker RÖMHELD
Institute of Plant Nutrition (330), University of Hohenheim, D-70593 Stuttgart, Germany

Abstract

A pot experiment was conducted with five continuous cultivations of candytuft (*Iberis intermedia* Guers) to determine the effect of repeated cultivation of a *Brassicaceae* on the uptake of thallium (Tl) and the changes of the Tl binding forms in the soil. In addition, the possible techniques to overcome the yield reduction due to replant disease as a consequence of continuous cultivation of a *Brassicaceae* were examined. Candytuft was used in the pot experiment with three different treatments: i) continuous cultivation of candytuft with NH_4NO_3 as N fertilizer, ii) intercropping between repeated cultivations of candytuft with NH_4NO_3 as N fertilizer, iii) $CaCN_2$ as N fertilizer or soil sterilisation with CH_3Br and NH_4NO_3 as N fertilizer. The dry matter production of candytuft between the different cultivation periods varied mainly due to the variation in growth conditions in the greenhouse (irradiance, temperature). Yield was slightly increased by intercropping and fallow in comparison to the continuous treatment, but distinctly increased after soil sterilisation with $CaCN_2$ and CH_3Br. The uptake of Tl was generally decreased in all treatments with the duration of the experiment. The comparison of the depleted amount of Tl in the different binding forms and the amount of Tl which was taken up by the plants showed, that the total amount of thallium in the soil was depleted up to 35 % after five repeated cultivations.

Introduction

Several conditions must be fulfilled in order to achieve an effective phytoremediation. It is well known that phytoremediation of heavy metals mainly depends on the amount of available binding forms in the soil (McGRATH *et al.* 1997) and the heavy metal removal capacity of the cultivated hyperaccumulator plant (LASAT *et al.* 1996). In particular with *Brassicaceae* repeated cultivation will result in yield reduction as a consequence of the so called replant disease. Thus, a successful phytoremediation depends on the continuation of a high uptake as well as a considerable high yield.

The plants selected for phytoremediation must be responsive to agricultural practice to produce sufficient biomass coupled with high rates of metal uptake. In a rhizobox experiment with kale and candytuft, it could be shown that Tl was taken up from plant-available as well as so-called "non-available fractions" (AL-NAJAR *et al.* 2001). A pot experiment was conducted to evaluate different techniques to maintain high dry matter production of the planted hyperaccumulator plant (candytuft). In addition, the availability of Tl to the hyperaccumulator plant after repeated cultivations should be assessed. Moreover, the removal rate of Tl from the different binding forms should be determined after repeated cultivation.

Materials and Methods

Plant cultivation

During five cultivation periods a pot experiment with candytuft (*Iberis intermedia* Guers) was conducted with the following treatments: i) continuous cultivation with NH_4NO_3 as N fertilizer, ii) intercropping with winter wheat between repeated cultivations of candytuft and iii) $CaCN_2$ as N fertilizer or soil sterilisation with CH_3Br. The used soil (loamy clay, *p*H 7.3, 1.3 % organic matter) was Tl-contaminated from deposits by a cement plant in Leimen, Germany (450 and 1400 µg Tl per kg soil as EDTA extractable and *aqua regia* extractable Tl, respectively)

During the last two cultivation periods the original soil was used as a control to compare the yield of the three treatments with the original soil. Each treatment had three replicates. To avoid soil compaction, *Sedipur,* an anionic polymeric flocculent (BASF, Mannheim, Germany) was added (1 g per kg soil). Water content was adjusted to 20 % (w/w) by daily watering. To provide a sufficient nutrient supply, the soil was fertilized with 400 mg N per kg soil as NH_4NO_3 or $CaCN_2$, 156 mg K and 124 mg P per kg soil as KH_2PO_4 and 100 mg Mg per kg soil as $MgSO_4$. For sterilisation of the moist soil CH_3Br gas was used in a closed box for one week.

As the experiment was carried out in the greenhouse during the whole year, additional light was provided by lamps (Type: Philips HQL 400W) in the winter season. Minimum night temperature was 15 °C.

Soil analysis

The soil samples were extracted according to the method of ZEIEN and BRÜMMER (1989). Tl concentration in the extracts was measured by ICP-MS *(Perkin Elmer Elan 6000)*.

Plant analysis

Plants were harvested after two months growth. Above ground plant material was washed with distilled water, oven dried, milled, and digested by a mixture of HNO_3 (65 %) and H_2O_2 (30 %) in a microwave following the standard VDLUFA method (VDLUFA 1996). Thallium concentration of the digests was determined by ICP-MS *(Perkin Elmer Elan 6000)*.

Results and Discussion

As shown in Table 1 the yield of candytuft varied significantly among the different continuous cultivations (treatment *1*), mainly depending on the different growth conditions (irradiance, temperature) and the inhomogeneous seed material consisting of a mixture of several ecotypes. Only a slight yield decrease could be observed after the fourth continuous cultivation (treatment *1*) in comparison to the cultivation on the original soil at the same time (23.8 vs. 29.4 g dry matter per pot). Yield was slightly increased after intercropping with winter wheat (treatment *2*) in comparison to the continuous cultivation (treatment *1*), but distinctly increased after fallow with application of $CaCN_2$ and soil sterilisation with CH_3Br, respectively (treatment 3).

Table 1. Yield, Tl concentration and Tl content in the shoots of candytuft in three treatments: *1*) continuous cultivation (numbers in brackets indicate parameters of candytuft grown on the original soil), 2) intercropping between repeated cultivations or fallow, and 3) $CaCN_2$ as N fertilizer and fallow or soil sterilisation with CH_3Br (*). Data represent mean values ± SD of three replications.

	Treat-ment	Cultivation number					Σ1...5
		1	*2*	*3*	*4*	*5*	
Yield [g dm/pot]	*1*	17.3 ± 0.4	11.7 ±1.8	21.9 ± 2.2	23.8 ±3.1 (29.4)	9.5 ± 1.2 (11.8)	84.2
	2	17.2 ± 1.5	ic[†]	23.0 ± 3.0	27.5 ± 2.9	fallow	67.7
	3	17.8 ± 0.6	fallow[‡]	27.0 ± 1.0	35.0 ± 3.8*	11.5 ± 0.1*	91.3
Tl concentration [mg/kg dm]	*1*	22.6 ± 2.4	13.1 ± 2.3	6.1 ± 1.9	8.7 ± 0.7 (22.5)	12.0 ± 0.5 (27.6)	
	2	22.2 ± 3.7	ic[†]	7.2 ± 2.1	7.5 ± 0,5	fallow	
	3	21.0 ± 3.6	fallow[‡]	5.8 ± 3.8	9.1 ± 0.5	13.2 ± 0.3	
Tl content [μg/pot]	*1*	386 ± 52	153 ± 42	130 ± 26	207 ± 27	114 ± 22	990
	2	377 ± 20	ic[†]	166 ± 24	206 ± 21	fallow	749
	3	375 ± 8	fallow[‡]	166 ± 22	319 ± 25	152 ± 5	1012

[†]): intercropping (winter wheat); [‡]): with $CaCN_2$ treatment

The Tl concentration in the shoot dry matter of candytuft was drastically reduced after the second cultivation. Tl concentration in the plants of the third cultivation generally decreased by about two thirds in comparison to the first cultivation. Intercropping, fallow and fertilization with $CaCN_2$ and soil sterilisation had no effect on the Tl concentration in the shoot of candytuft. The higher removal rates in comparison to the continuous cultivation mainly depended on the yield increments by the treatments. If the removal rates of all cultivations of the different treatments are summarized, treatment 3 had a slightly higher total removal rate compared with the continuous cultivation.

From these results it can be concluded, that the reduction of the Tl removal rate after the first cultivation was a consequence of a depletion of most plant available Tl binding forms in the contaminated soil. Afterwards the removal rate was probably limited by the reaction kinetics of the Tl transfer from the stronger bound fractions to the plant available Tl binding forms, by which the diminished concentration in the soil solution is replenished.

This assumption is supported by the results of the sequential extraction, which showed, after five continuous cultivations of candytuft (treatment *1*), a depletion of the plant available Tl fractions (*F1...F4*) as well as the so called "non-plant available" binding forms (*F5...F7*) in comparison to the bulk soil (Table 2). These results confirm those obtained in a rhizobox experiment (AL-NAJAR *et al.* 2001). The degree of depletion varied among the different binding forms and accounted for 52 % of the plant available fractions and 31 % of the non-plant available Tl binding forms (Table 2) in the used soil. About 36 % of the total Tl concentration was depleted after five cultivations of candytuft.

Table 2. Characterisation of the different Tl binding forms and depletion in the rhizosphere of candytuft after five continuous cultivations of candytuft (Treatment *1*). Data represent mean values ± SD of three replications.

Tl fraction	Soil [µg Tl per kg soil]		Depletion	
	original (unplanted)	after five cultivations	µg Tl per kg soil	%
F1, mobile	106 ± 4	47 ± 4	59 ± 8	56
F2, easily exchangeable	65 ± 4	43 ± 1	22 ± 4	34
F3, bond to Mn oxides	124 ± 8	53 ± 7	70 ± 14	56
F4, bound to organic matter	32 ± 3	16 ± 3	16 ± 6	50
$\sum$ *F1...F4*, plant available fractions	326 ±7	159 ± 7	168 ± 14	52
F5, bound to amorphous and poorly-crystalline Fe oxides	90 ± 2	34 ± 1	56 ± 2	62
F6, bound to crystalline Fe oxides	139 ± 3	86 ± 2	53 ± 4	38
F7, residual fraction	690 ± 11	517 ± 3	172 ± 13	25
$\sum$ *F5...F7*, plant non-available fractions	918 ± 15	637 ± 3	281 ± 17	31
$\sum$ *F1...F7*, total	1245 ± 12	796 ± 7	449 ±14	36

The depletion of the so called "non plant-available" fractions by the Tl hyper-accumulator candytuft indicates a high efficacy of phytoremediation of Tl-contaminated soils such as the used soil contaminated by deposits of a cement plant.

Acknowledgement

The authors would like to thank Mr. Guy Delmot, St. Laurent le Minier, Gard, South France, for providing the candytuft (*Iberis intermedia*) seeds.

References

AL-NAJAR, H.; SCHULZ, R.; RÖMHELD, V., 2001: Binding forms of thallium in the rhizosphere of the hyperaccumulators kale and candytuft (*Brassicaceae*). *Plant and Soil* [submitted].

LASAT, M. M.; BAKER, A. J. M.; KOCHIAN, L. V., 1996: Physiological characterisation of root Zn^{2+} absorption and translocation to shoots in Zn hyperaccumulator and non-hyperaccumulator species of *Thlaspi*. *Plant Physiology* 112, 1715-1722.

McGRATH, S. P.; SHEN, Z. G.; ZHAO, F. J., 1997: Heavy metal uptake and chemical changes in the rhizosphere of *Thlaspi caerulescens* and *Thlaspi ochroleucum* grown in contaminated soils. *Plant and Soil* 188, 153-159.

VDLUFA, 1996: *Umweltanalytik*, Methodenbuch. Band VII, Darmstadt: VDLUFA, 1-9.

ZEIEN, H.; BRÜMMER, G. W., 1989: Chemische Extraktionen zur Bestimmung von Schwermetallbindungsformen in Böden. *Mitteilungen der Deutschen Bodenkundlichen Gesellschaft* 59, 505-510.

Verzeichnis der Teilnehmer

Husam Al-Najar, Institut für Pflanzenernährung (330) der Universität Hohenheim, D-70593 Stuttgart

Dr. Jürgen Augustin, Institut für Primärproduktion und Mikrobielle Ökologie im ZALF Müncheberg, Eberswalder Straße 84, D-15374 Müncheberg

Dr. Christel Baum, Institut für Bodenkunde und Pflanzenernährung der Universität Rostock, Justus-von-Liebig-Weg, D-18051 Rostock

Dr. Heidrun Beschow, Institut für Bodenkunde und Pflanzenernährung der Martin-Luther-Universität Halle–Wittenberg, Adam-Kuckhoff-Straße 17b, D-06108 Halle/Saale

Dr. Annette Deubel, Institut für Bodenkunde und Pflanzenernährung der Martin-Luther-Univeristät Halle-Wittenberg, Adam-Kuckhoff-Straße 17 b, D-06108 Halle/Saale

Grzegorz Domański, Universität Hohenheim, Institut für Bodenkunde und Standortslehre (310), Emil-Wolff-Straße 27, D-70599 Stuttgart

Kay Domeyer, Agrikulturchemisches Institut der Rheinischen Friedrich-Wilhelms-Universität Bonn, Karlrobert-Kreiten-Straße 13, D-53115 Bonn

Dr. Wolfgang Gans, Institut für Bodenkunde und Pflanzenernährung der Martin-Luther-Universität Halle–Wittenberg, Adam-Kuckhoff-Straße 17 b, D-06108 Halle/Saale

Dr. Andreas Gransee, Institut für Bodenkunde und Pflanzenernährung der Martin-Luther-Universität Halle–Wittenberg,, Adam-Kuckhoff-Straße 17 b, D-06108 Halle/Saale

Prof. Dr. Charlotte Hecht-Buchholz, Heiligendammer Straße 18, D-14199 Berlin

Volker Hoffmann, Institut für Bodenkunde und Pflanzenernährung der Martin-Luther-Universität Halle–Wittenberg, Adam-Kuckhoff-Straße 17 b, D-06108 Halle/Saale

Falko Hornschuch, Bundesforschungsanstalt für Forst- und Holzwirtschaft, Institut für Forstökologie und Walderfassung, Alfred-Möller-Straße 1, D-16225 Eberswalde

Dr. Birgit W. Hütsch, Institut für Bodenkunde und Pflanzenernährung der ⸱tin-Luther-Universität Halle–Wittenberg, Adam-Kuckhoff-Straße 17 b, ⸱08 Halle/Saale

Richard Jäger, Institut für Bodenkunde und Pflanzenernährung der Martin-Luther-Universität Halle–Wittenberg, Adam-Kuckhoff-Straße 17 b, D-06108 Halle/Saale

Dr. Rolf. O. Kuchenbuch, Institut für Primärproduktion und Mikrobielle Ökologie im ZALF Müncheberg, Eberswalder Straße 84, D-15374 Müncheberg

Prof. Dr. Wolfgang Merbach, Institut für Bodenkunde und Pflanzenernährung der Martin-Luther-Universität Halle–Wittenberg, Adam-Kuckhoff-Straße 17 b, D-06108 Halle/Saale

Lázaro Montás-Ramírez, Institut für Agrikulturchemie der Georg-August-Universität Göttingen, Von-Siebold-Straße 6, D-37075 Göttingen

Dr. Jörg Plugge, Institut für Primärproduktion und Mikrobielle Ökologie im ZALF Müncheberg, Eberswalder Straße 84, D-15374 Müncheberg

A. V. Raskatov, Institut für Bodenkunde und Standortslehre der Universität Hohenheim, Emil-Wolff-Straße 27, D-70599 Stuttgart

Prof. Dr. Sven Schubert, Institut für Pflanzenernährung, Interdisziplinäres Forschungszentrum (IFZ) der Justus-Liebig-Universität Gießen, Heinrich-Buff-Ring 26–32, D-35392 Gießen

Bhupinder Singh, Institut für Pflanzenernährung (330) der Universität Hohenheim, D-70593 Stuttgart

Dr. Doris Vetterlein, Institut für Bodenkunde und Pflanzenernährung der Martin-Luther-Universität Halle–Wittenberg, Weidenplan 14, D-06108 Halle/Saale

Jens Wöllecke, Lehrstuhl für Bodenschutz und Rekultivierung der Brandenburgischen Technische Universität Cottbus, Postfach 101344, D-03013 Cottbus

Dr. Feng Yan, Institut für Pflanzenernährung, Interdisziplinäres Forschungszentrum (IFZ) der Justus-Liebig-Universität Gießen, Heinrich-Buff-Ring 26–32, D-35392 Gießen

Yiyong Zhu, Institut für Pflanzenernährung, Interdisziplinäres Forschungszentrum (IFZ) der Justus-Liebig-Universität Gießen, Heinrich-Buff-Ring 26–32, D-35392 Gießen

Autorenregister